— 物理科普简说译丛 —

Niels Bohr: A Very Short Introduction

尼尔斯·玻尔传

〔美〕约翰·L. 海尔布隆（John L. Heilbron）著

吕英奇　安钧鸿　译

蘭州大学出版社
LANZHOU UNIVERSITY PRESS

图书在版编目（CIP）数据

尼尔斯·玻尔传 / (美) 约翰·L.海尔布隆 (John L. Heilbron) 著 ; 吕英奇, 安钧鸿译. -- 兰州 : 兰州大学出版社, 2024. 7. -- (物理科普简说译丛 / 刘翔主编). -- ISBN 978-7-311-06687-1

Ⅰ. K835.346.11

中国国家版本馆 CIP 数据核字第 2024L8B447 号

责任编辑　包秀娟
封面设计　汪如祥

书　　名　尼尔斯·玻尔传
作　　者　〔美〕约翰·L.海尔布隆(John L. Heilbron)　著
　　　　　吕英奇　安钧鸿　译
出版发行　兰州大学出版社　(地址:兰州市天水南路222号　730000)
电　　话　0931-8912613(总编办公室)　0931-8617156(营销中心)
网　　址　http://press.lzu.edu.cn
电子信箱　press@lzu.edu.cn
印　　刷　陕西龙山海天艺术印务有限公司
开　　本　880 mm×1230 mm　1/32
印　　张　4.875(插页4)
字　　数　98千
版　　次　2024年7月第1版
印　　次　2024年7月第1次印刷
书　　号　ISBN 978-7-311-06687-1
定　　价　42.00元

总 序

在科技浪潮汹涌澎湃的今日，科普工作的重要性愈发凸显。它不仅是连接深邃科学世界与普罗大众之间的无形之桥，更是培育科技创新人才、提升全民科学素养的必由之路。习近平总书记在给“科学与中国”院士专家代表的回信中明确指出：“科学普及是实现创新发展的重要基础性工作。”这一重要论述，不仅深刻揭示了科普工作在创新发展中的基础性、先导性作用，更为我们指明了在新时代背景下加强国家科普能力建设、实现高水平科技自立自强、推进世界科技强国建设的方向。

兰州大学出版社精心策划并推出“物理科普简说译丛”，正是基于这样的深刻认识，也是对习近平总书记这一重要论述的积极响应和生动实践。

这套译丛选自牛津大学出版社的“牛津通识读本”系列，我们翻译了其中五本物理学领域的经典之作——《简说放射性》《简说核武器》《简说磁学》《简说热力学定律》和《尼尔斯·玻尔传》。这是一套深入浅出的物理科普著作，它将物理学的基本概念、原理和前沿进展呈现给读者。我们希望读者不仅能够获得知识，更能够感受到科学探索的乐趣，了解物理学在现代社会中的重要作用，了解物理学不只是冰冷的公式和理论，它还与我们的日常生活息息相关，影响着我们观察世界的方式。

翻译这样一套丛书，既是一种挑战，也是一次难得的学习经历。在翻译过程中，我和我的同仁们——兰州大学物理科学与技术学院的师生，深感责任重大。物理术语的准确性、概念的清晰表达以及文化的差异，都是我们在翻译时必须仔细斟酌和考虑的问题。我们的目标是尽可能保留原作的精确性和趣味性，同时确保中文读者能够无障碍地享受阅读，并从中获得知识。

我们期待这套译丛能为我们的读者提供一扇窥探物理世界奥秘的窗口，我们也寄希望于为推动科技进步和社会发展贡献一份力量。展望未来，我们将继续秉承“科学普及是实现创新发展的重要基础性工作”的理念，不断加强自身科普能力，推动科普事业向更高水平发展。同时，我们也呼吁更多的科技工作者加入科普工作的行列，共同推动科普事业蓬勃发展。我们相信，在全社会共同努力下，科普事业定将迎来更加美好的明天。

最后，我想向所有为这套书的诞生付出努力、提供支持的同仁和朋友们表达我的感谢。感谢他们为我们在翻译过程中遇到的问题提供了专业解答。在此，我也诚挚地邀请各位读者打开这套书，随我一同踏上一段探索物理世界的精彩旅程。

刘　翔

2024年6月

序　言

艾萨克·牛顿（Isaac Newton）认为除非上帝选择提高行星的运行速度，否则行星间的相互引力会导致它们坠向太阳。但经过一个世纪的计算，物理学家们最终认识到，就太阳系的稳定性而言，上帝是正确的。因此，物理学解决了一个威胁其存在的问题，它被称作“上帝问题”。

核状原子使物理学家们重新思考世界的稳定性问题。不像行星，电子之间的相互排斥使得一个拥有多个电子的核状原子没有了力学稳定性。电子和行星之间还存在另一个有害的负面类比：尼尔斯·玻尔（Niels Bohr）之前的物理理论认为加速的带电粒子会辐射能量，因此即使是只有一个电子的核状原子也会迅速坍缩，因为将电子保持在圆形轨道上所需的向心力会使其辐射出能量并坠入原子核。玻尔在他早期的工作中把这种威胁性的理论称作“普通物理学”，但很快它就被改称为“经典物理学”，正如富有冒险精神的作曲家将传统音乐称作“古典音乐”一样。经典物理学不允许各部分均遵守其规则的核状原子存在。

然而，当欧内斯特·卢瑟福（Ernest Rutherford）在1911年提出核状原子时，他有充分的理由相信核状原子代表了原子的本来面目。在曼彻斯特大学他指导进行的实验中，物质表现为由原子构成，其微小中心携带的电荷比电子的电荷e大得多。计算表明，这个大电荷Ne以一种非常简单的关系$N=A/2$随着所研究物质的原子量A的增加而增加。这个近似值与约瑟夫·约翰·汤姆逊（Joseph John Thomson）及其助手在剑桥卡文迪什实验室的测量结果相似，他们发现原子中的电子数n也在$A/2$左右。卢瑟福的微小中心正是一个“原子核”，其电荷与核外电子的电荷之和大小相等方向相反：$N \approx n$。

从这个简单的方程得出了一个极其重要的结果。在卢瑟福的实验中，放射性物质释放的阿尔法粒子轰击金属靶。当计算阿尔法粒子与原子核碰撞的结果时，卢瑟福假设可以忽略它们的大小，也就是说，他认为双方都是裸核。由于早些时候他已经证明了阿尔法粒子由一个氦原子减去两个电子构成，因此中性氦原子正好有两个行星电子。一个合理的推论给出了整个元素周期表中氢含有一个电子、锂含有三个电子、铍含有四个电子等等。因此，很自然地得出结论：元素周期表中元素序数或“原子序数”Z等于原子核上的电荷数N。同样重要的是，卢瑟福的核状原子模型允许人们严格地区分由实验者控制的行星电子产生的现象和明显不受外力影响的位于原子核内部的放射性现象。遗憾的是，卢瑟福的模型非常不稳定！

1912年春夏时，玻尔已是曼彻斯特大学的一名高级研究生。他于1911年秋天来到英国，本打算和汤姆逊一起研究金属的性质，这是他在丹麦的博士论文的主题，但这次合作并没有实现。玻尔决定在自己的奖学金年结束前，向卢瑟福教授学习一些关于放射性的知识。很快他就对这位新教授的核状原子产生了兴趣。

当玻尔发现经典物理学不允许有核状原子稳定存在时，他对经典物理学产生了浓厚的兴趣，很快这种兴趣演变成了一种激情。像牛顿一样，玻尔认识到需要某种新的原理来限制或纠正经典物理学的应用，他认为自己有能力找到这种新原理。当然，他不能向上帝求助，因为他无论如何也不相信上帝，但他需要发现一个具有上帝般权威的原理，以使大自然能够制造出并使物理学家能够稳定住带有轨道电子的核状原子。这需要如阿尔伯特·爱因斯坦（Albert Einstein）般的洞察力和维京人[①]天生的信心，与爱因斯坦相对论所主张的释放我们对空间和时间的直觉相比，玻尔对原子结构新原理的重塑需要付出更大的牺牲。

玻尔一生中大部分时间都在挑战自己的思维，并在不断写作和修订，试图找到那些看似矛盾的描述的适用范围。他逐渐认识到自己的伟大任务是教导物理学家以及其他人如何在必要时使用通常被认为是矛盾的概念来不含糊地表达自己。难怪他很难说出自己的意思！他创造了用含糊不清的方式毫不含糊地甚至是神谕式地表达的艺术。他会说："深刻真理的反面就是深刻真理"，"纯粹真理的反面就是清晰"。就像任何好的神谕一样，他有时会用比喻来表达。他

①译者注：维京人，别称"北欧海盗"，也指有冒险精神的人。

最喜欢的一个比喻是一个聪明的男孩在听一位博学的拉比[①]讲课。第一讲清晰明了，只涉及真理，男孩听懂了每一个字。第二讲男孩听不懂，但拉比全懂了。男孩说，第三讲是崇高的，自己一个字也没听懂，拉比也没听懂多少。

早在研究核状原子之前，玻尔就对真理及其明确的表达方式感到担忧。他在攻读物理学硕士学位期间，从哥本哈根大学哲学教授哈拉尔德·霍夫丁（Harald Høffding）的教诲和索伦·克尔凯郭尔（Søren Kierkegaard）的著作中就认识到了这些问题。旧丹麦哲学问题和最新物理学的困境武装了玻尔迎接核状原子挑战的勇敢头脑。他用两个强烈的动机来回答上帝的问题：一个是青春期思想与宗教思想的激烈搏斗；另一个是特有的顾忌，即玻尔觉得有必要向家人和朋友证明，他们鼓励自己将一生奉献给思考并没有错。

引导玻尔早期思想的问题之一是自由意志和决定论之

①译者注：拉比，指犹太人中的一个特别阶层，是教师或智者的象征。

间的对立。自由意志是指对未来行为的思考，决定论是指对已完成行为的分析，它们与不同的情况有关。玻尔承认需要这两个概念来描述我们的经验，并研究得出如何毫无矛盾地使用它们。非经典核状原子的研究磨砺了玻尔的意志，使得他能够将对多重真理和明确语言形成的见解扩展到物理学以外的思想和行动领域，之后他又回到了这个被爱因斯坦后来诋毁为“平静哲学”的例子。

玻尔对物理学及其经验教训的研究超越了理论层面。事实证明，他是1922年哥本哈根为他设立的研究所的有效筹款人，并指导该研究所进行核物理和放射生物学研究。在第二次世界大战期间，他曾在洛斯阿拉莫斯实验室短暂工作过，虽然他也坚持不懈地说服富兰克林·德拉诺·罗斯福（Franklin Delano Roosevelt）、温斯顿·丘吉尔（Winston Churchill）与约瑟夫·维萨里奥诺维奇·斯大林（Joseph Vissarionovich Stalin）分享有关原子武器的信息，以避免战后军备竞赛，但这个方面的努力收效甚微。他在该努力中使用的一些修辞方法直接来自他从物理学中获得的经验。正如物理学家们为了控制对原子世界的描述而不得不放弃空间和时间上的因果描述一样，政治家们也应该放弃他们老式的主权，以使原子物理学家给他们制造的武器能够得以被他们有效管控。

玻尔认为，有序而恰当地放弃以前认为不可挑战的概念或目标是将我们的思想从普通经验推断出来的伪问题和迷信中解放出来的关键，我们通过学会放弃来进步。这就是伽利略·伽利雷（Galileo Galilei）“将自己从误导性的感官印象中解放出来，并放弃对运动的传统解释”如此重要的原因。玻尔在物理学中宣扬放弃学说，有时取得了巨大的成功，如他在原子领域中对经典物理概念的限制；有时则毫无用处，如他也曾提出放弃能量守恒。他在1950年致联合国的公开信中呼吁“为了世界稳定而放弃一定程度的国家主权”，这一主张的效果与他提出的热力学第一定律的修正一样毫无成效。他也未能成功地将“互补性原理”这一他从量子物理学中得到的伟大经验推广成他所期望的宗教极端主义的解药和人类进步的指南。

由于几个原因——他的作品晦涩、对数学形式主义的厌恶、在哲学之外互补性理论无法保持活力以及他的原子模型因量子力学诞生而被降级到仅历史学家关注，玻尔甚至在物理学家中也没有得到与他的朋友和与他智力同等水平的爱因斯坦所得到的相同认可。这本小书的目标之一就是展示物理学界对玻尔领导力的亏欠，正如伦敦皇家学会主席在1944年表达的观点：世界科学家的投票应该把玻尔排在所有国家目前活跃在任何科学部门的所有人的第一位。本书另一个可能更有用和更可实现的目标是向大众说明一个强大的思想家是如何努力探究事物的本质的，这种努力正是玻尔所欣赏的克尔凯郭尔的特质，正如约翰·沃尔夫冈·冯·歌德（Johann Wolfgang von Goethe）《广阔的世界和宽广的人生》中的台词：

孜孜以求，坚定不移；
永不止息，常常圆融；
尊重古老传统，不拒创新。

为了在本书中实现这些目标，我需要一些来自物理学的想法和概念。不常见的概念将在它们出现时给出定义。我也会不时用到一些数学符号，它们是为了避免重复而使用的速记，因为即使是玻尔并不总能确切地知道它们的意思，但他也不能没有这些符号，我在有必要时会给出它们的定义。本书除了一些细小的代数或哲学术语之外，对数学没有太多要求。对于愿意陪同玻尔进行连他自己也不知去往何处的非凡智力之旅而获得最低专业知识装备的任何人来说，一切都将随着本书的展开而逐渐变得清晰。

目　录

第一章

丰富的思想

粒子运动轨迹

“维京犹太人”

1885年，尼尔斯·玻尔出生于哥本哈根。他的父亲是哥本哈根大学的生理学教授克里斯蒂安·玻尔（Christian Bohr），母亲是一位自由慈善的犹太银行家的女儿艾伦·阿德勒（Ellen Adler），如图1-1与图1-2。克里斯蒂安来自一个牧师家庭，但他是一个无神论者；而艾伦的家庭在“维京犹太人”中很出名，但她并不恪守教规。维京犹太人是指讲意第绪语的犹太人，从犹太人定居点移民到丹麦之前，在丹麦定居并繁衍生息的犹太人。尽管如此，他们需要为培养三个孩子的宗教信仰提供一些便利。克里斯蒂安愿意把孩子们作为犹太人来教育和培养，但艾伦并不坚持于此。最终玻尔和他的弟弟哈拉尔德（Harald）被送到路德教会，这样他们就可以和其他丹麦男孩有同样的宗教学习经历。这对夫妇的长女珍妮几乎无据可查。

图1-1　玻尔的父亲：克里斯蒂安·玻尔

图1-2　玻尔的母亲：艾伦·阿德勒

与父母对宗教的漠视不同，玻尔的姨妈汉娜·阿德勒(Hanna Adler)却坚持与国家宗教力量做斗争。她是丹麦第一位获得物理学高级学位的女性，也是丹麦王国第一所男女同校中学的校长，如图1-3。汉娜姨妈和她的侄子们很亲近，尤其是和玻尔。一位丹麦犹太人历史专家评价汉娜的作品是“为实现一个想法或思想而不懈努力的特殊的、非常具体的理想主义”的典范，这形成了犹太人对丹麦科学的“冲击”。艾伦与犹太教堂几乎没有任何联系，相比之下，姐姐汉娜与犹太社区关系密切。

图1-3　汉娜姨妈和她的侄子们保持联系

因为玻尔想努力平衡父母、牧师和姨妈之间的观点分歧，所以宗教在他青春期的头脑中自然显得很重要。有一天，他告诉父亲，虽然他非常努力地挣扎，但他仍无法相信宗教。当他后来向未婚妻玛格丽特·诺伦德（Margrethe Nørlund）描述这件事时，他的父亲对此报以微笑。玻尔将这个微笑理解为“我也会思考”的信号。有一段时间，他想写一本书来帮助他人从某些有组织的宗教误区中解脱出来，而这一未实现的计划在他后来的作品中以其他形式被展现了出来。

当然，非信徒也不能脱离他们成长的文化。对玻尔而言，在他的婚礼到来和量子化原子理论出现之前，基督教和犹太教的元素占据着他的思想。他少年时代思想中的犹太元素不仅来自汉娜姨妈，也来自他的阿德勒表亲，特别是后来成为著名实验心理学家的埃德加·鲁宾（Edgar Rubin）。鲁宾曾在以他和玻尔兄弟为主的大学生俱乐部中有机会接触到一些非凡的思想。在这个被十二名优秀成员称作“埃克利普提卡（Ekliptika）”的俱乐部中，讨论的话题大多源于霍夫丁教授的教学。这十二名成员中，至少有一半是犹太人。

在埃克利普提卡中，犹太裔学生的显著代表性及他们后来的学术成就与犹太人重视学习的传统、自由改革派犹太人的同化趋势及丹麦社会的相对宽容性是契合的。该俱乐部中有五名成员是表兄弟，这与犹太人坚守的即使被同化也要在一起的习惯相一致。俱乐部的两名非犹太成员——数学家尼尔斯·埃里克·诺伦德（Niels Erik

Nørlund）和历史学家鲍尔·诺伦德（Poul Nørlund）兄弟，是在他们的妹妹玛格丽特与玻尔订婚后加入这个大家庭的，如图1-4。

图1-4 尼尔斯·玻尔和玛格丽特·诺伦德在订婚仪式上

在1912年的复活节假期，当玻尔从曼彻斯特回到哥本哈根协助家人策划他的婚礼时，这一季的文化热门是犹太复国主义者亨利·纳坦森（Henri Nathansen）的一部优秀的流行戏剧《墙内》。它讲述了一个犹太女人埃丝特（Esther）的故事，她爱上了一位非犹太教教授，她去听他的课，就像埃伦·阿德勒和克里斯蒂安·玻尔一样。埃丝特的订婚令两个家庭都感到痛苦，但故事主要发生在“墙内”，在一个温暖舒适的中产阶级犹太家庭里，埃丝特的背离使得这个家庭面临着被摧毁，如图1-5。同样，尼尔斯和玛格丽特的故事也在阿德勒家族中展开。玛格丽特在婚前曾和艾伦·玻尔住过一段时间，在此期间她几乎没有见过玻尔家族的其他人和路德教神学家。与玛格丽特很容易就融入了同化的阿德勒家不同，埃丝特却不能自在地与偏执的公婆相处。

埃克利普提卡的另一位成员丽斯·鲁宾·雅各布森（Lis Rubin Jacobsen）的真实故事与此相似，也同样有说服力。她在1910年获得博士学位之前就已经结婚，并成为北欧符文的权威。她不信教的父亲马库斯·鲁宾（Marcus Rubin）与丹麦著名犹太文学家格奥尔格·布兰德斯（Georg Brandes）关系密切，后者强烈支持同化，但马库斯不允许女儿在学校接受基督教的宗教教育。当她请求父亲允许自己参加这些被禁止的活动时，马库斯仅给了她一些基督教书籍让她阅读。马库斯认为这就够了。她成长为一名非信徒，立志成为一名教师，并爱上了一位非犹太人知识分子。尽管她没有信仰，嫁入了基督教家庭，并被布兰

图1–5　玻尔犹太外祖父母的家

德斯敦促同化，但她仍无法摆脱自己的犹太人身份。在后来的生活中，她促进了犹太人的事业，现在与汉娜·阿德勒一起被认为是丹麦历史上最杰出的犹太女性。

玻尔和雅各布森都有纳坦森描述的犹太人在被迫害中成功生存的特质。正如纳坦森在为他的朋友布兰德斯所写的传记中叙述的那样，布兰德斯的主要特质就是在工作时充满了力量和快乐。对全世界来说，犹太人是激烈的竞争对手，他们可能会给人一种过于挑剔、霸道和傲慢的印象。

然而，他们为争取平等而做出的斗争使他们成为真理、正义、自由和人权的捍卫者。纳坦森笔下的犹太人，在“墙内”与家人和朋友在一起过着“亲密而特殊的生活……其口令是尊重和纪律——对传统的尊重与对家庭的纪律”。在那里，竞争变成了幽默、反讽、讽刺、文字游戏、戏谑、狡猾、含糊、模棱两可、双刃剑般的机智与反讽和自嘲的结合。心灵的世界是无家可归的犹太人的家园，心灵的生活是他们唯一的自由状态……从这种精神生活的特殊排他性中，犹太人的大胆被释放了出来，这是一种介于勇气和傲慢之间的东西，还有犹太人的“锁链”，是优雅与品味的艺术性、敏感性的结合，这是一种介于魅力和诱惑之间的东西。玻尔将这些特质提炼并结合形成了他独特的思想和表达方式。

在筹备婚礼时，玻尔遇到了一个宗教问题，这个问题的严重程度与导致他失去信仰的困难程度相同。他拒绝在教堂举行婚礼，他和玛格丽特都退出了教会。这个决定使他虔诚的岳母感到不安，玻尔试图安抚她的伤痛，向她保证他不相信科学能支配或可以支配一切，而且他认为自己能够证明这一点。他说，这是他快乐的源泉，正如他所说：“如果我认为我能理解生活，生活就会变得无限琐碎。”因此，在他遇到核原子的矛盾之前，他尤其意识到调和宗教信仰和文化之间冲突的必要性和艰巨性，并意识到生活中可能存在着无法用理性解释的方面。

维京人玻尔不只是犹太人。他热爱北方，那里有火山和冰川、火焰和冰雪、海市蜃楼、光辉和极光，还有传奇、英雄、巨人、考伯特人、巨魔、雪女王和冰宫殿。他的性格中透着浪漫。“当我看到关于古老北欧国家的简短资料时，我的心就会疯狂地燃烧起来，我亲爱的，我梦见我在挪威的悬崖和礁石中间。”这是他读托马斯·卡莱尔（Thomas Carlyle）的《论英雄和英雄崇拜》中关于奥丁（Odin）的一章时所说。他亲爱的玛格丽特把这一章作为她最喜欢的读物送给了他。他接着向玛格丽特问了两个疯狂的问题：“告诉我，你是否愿意和我一起乘维京号船去冰岛；告诉我，当我夏天不得不离开的时候，你是否愿意独自留在冰岛。”她用他们表达感情所用的文学语言回答：“我会来找你的，尼尔斯，就像索尔维格（Solvei）去找皮尔·金特（Peer Gynt）一样。”然而，这个回答并没有满足他的要求，因为无辜的索尔维格将自己献给了流浪者皮尔，却在等待他归来的过程中虚度了一生。他继续问：“你会关心我的工作吗？”“亲爱的尼尔斯，我无法描述我有多爱你，有多爱你的工作。”她回答道。他继续问：“但你愿意做我学生的母亲吗？”“我没有设定任何限制，我多么希望我能被允许成为您学生的母亲。”她回答道。事实上，仅有的限制只是玻尔研究所的规模。

另一个能表明玻尔在他的伟大发明时期的思想内容的是，1911年圣诞节他为当时还是未婚妻的玛格丽特写的一个故事。故事的开头是他们看到一个小男孩在圣诞节那天陪父亲去教堂，这是小男孩的父亲一年中唯一进教堂的日子。经过孤独的心理战斗，小男孩很快发现了他父亲不去教堂的原因。男孩想象不出有什么东西是比教堂里教的东西更可怕的了。在向这位去世不久的完美父亲致敬之后，这对未婚夫妇飞往遥远的北方。在那里他们再次看到已经成年的男孩与一位老先生讨论哲学，这位老先生正是霍夫丁。最终，他们回到了玻尔在剑桥的住所，玛格丽特动身前往丹麦，而玻尔则躺在床上。那一刻，他的“勇气”咆哮得如此疯狂，如此疯狂，因为他认为自己也会思考。在玛格丽特的帮助下，玻尔将尝试把勇气与思考、维京人的美德与其他东西结合起来。他想对玛格丽特说：“我亲爱的，如果你愿意照顾我，我会尝试在我狂野的勇气中寻找意义。”

然后出现了一个对维京人来说不寻常的问题——“你愿意替我偿还我的债务吗？我可怜的灵魂可能招致的所有债务。”尽管玻尔多次重复了这个问题，但他从未明确指出需要玛格丽特帮助他偿还哪些债务。也许他的意思是，有了她的心理支持，他可以证明：家人、老师和朋友对自己能力的信任是合理的，他们并会因此得到回报。对他的母亲来说，他是一件“稀世珍宝”；对他的父亲来说，他就是“黄金”；对他弟弟来说，他是“我们所认识的最伟大、最聪明的人”。家人帮助他培养了天赋。他把大部分论文口述给了母亲。他的父亲在玻尔需要时把实验室和助手交给他使用。整个家庭都在帮他做计算，并把他的论文抄下漂亮的副本。甚至在结婚之前，玛格丽特就充当文书助理，她的哥哥尼尔斯·埃里克充当“计算器”，他们都已经是他工作的一部分。这样说来，玻尔的确需要偿还很多东西。

玻尔身上的维京精神还体现在他作为滑雪运动员和足球运动员所具有的力量和耐力上。他可以连着滑雪好几天，而且只要他愿意把心思放在比赛上，他的体型还能使他成为一名出色的守门员。与玻尔相比，弟弟哈拉尔德在运动中更加敏捷，在生活中也更加务实，他还入选了丹麦奥林匹克足球队。

基督教哲学家

甚至在进入大学之前，玻尔就与霍夫丁在一起做研究，如图1-6。这位哲学家是克里斯蒂安·玻尔和克里斯蒂安·克里斯蒂安森（Christian Christiansen）的好朋友，后者后来成了玻尔的物理学教授。三人定期与语言学家维尔赫尔姆·汤姆森（Vilhelm Thomsen）会面，玻尔和弟弟哈拉尔德会在克里斯蒂安所主持的研讨会上聆听他们提出的关于科学和哲学的深奥问题。这种旁听给了兄弟俩至少两个宝贵的启示：有经验的学者可以在建立学科基础之前推进学科发展，负责任的学者努力深化和扩大学科结构。四位教授讨论的是最基本的基础问题，即真理问题，它们涉及“知识的性质、条件和局限，证据的性质和价值，以及我们评估人类行为和制度所依据的原则”。

图1-6　玻尔的哲学教授笛卡尔·霍夫丁

关于真理，霍夫丁有很多话要说，他从克尔凯郭尔谈起。克尔凯郭尔被玻尔誉为丹麦最伟大的思想家和文学家，他创作了有史以来最好的书籍之一。这本书是《人生道路上的阶段》，霍夫丁认为这是克尔凯郭尔哲学成就的代表作，对经历宗教危机的人们有很大的帮助。这本书也在霍夫丁的早年生活中帮助了他自己，就像克尔凯郭尔一样，霍夫丁关于真理的写作成就在很大程度上归功于与基督教世界观的斗争。霍夫丁得出了一个宏大的原则，即没有一个单一的真理能够占据一个领域。因为无论分析思路在开始时是多么有前途，如果不断推进，它最终一定会暴露出一个无法弥补的、无法触及的、不合理的残局。这就是玻尔告诉玛格丽特的母亲他可以从逻辑上证明的命题。霍夫丁的这一谦虚认识论的标志是放弃对追求万物理论的必要的热情；正如埃德加·鲁宾回忆道："这种状况使他深感欣慰！"因为他和玻尔一样，认为一切皆可描述的理论就破坏了"人类生命价值的基本条件"。

霍夫丁开始了他的大学神学研究。在克尔凯郭尔的类似心理斗争的指导下，经过长期的心理斗争后，他决定不能"按照宗教伦理的理想和戒律"来生活，要从哲学中寻找"宗教消失所导致丧失的信仰物的对等物"。玻尔也表达了同样的想法，并向未来的岳母保证他相信很多东西——"相信人类的善与爱，因为这是我经历过的；相信人的责任，尽管我无法准确说出它们是什么；相信很多其他我不明白的东西"。在没有宗教信仰的情况下，这些事情如何才能变得有理有据？玻尔只能全心全意地希望在没有超自然的帮助或威胁的情况下，自己能够忠实于美好、伟大和真实的理想。这是对"真理"这个大问题的一种道德上的甚至是哲学上的解决方案，正如他从霍夫丁那得知的那样，这个问题是无法解决的。

对霍夫丁来说，宗教领域的自由探索是唤醒和鼓励思想的首要手段。没有宗教问题的人当然没有思考的理由，但他也没有任何理由阻止别人思考。霍夫丁对宗教的不偏不倚的思考说服了他的学生。对他的学生来说，他的讲座就是他们大学时代的一种美好经历，但这同时也让他们的父母担心霍夫丁可能会瓦解他们的传统信仰。霍夫丁对思想生活给予了极高的评价。年轻的玻尔也是如此，他说，思想是他拥有的最有价值的东西，也是唯一的东西，他希望进入霍夫丁所说的需要真正科学文化的独特的科学家阶层。这些人是新理论的创造者。

1911年，克里斯蒂安·玻尔去世后，霍夫丁一直与玻尔家族保持着联系。在他的晚年，他的好朋友玻尔去拜访他，与他谈论物理和哲学，并朗读他们最喜欢的诗人的作品，因为玻尔不仅是一位伟大的物理学家，而且对哲学和文学也很感兴趣。霍夫丁在发表的一篇关于类比概念的文章中使用了玻尔的观点，而玻尔则在回敬霍夫丁时称赞他“帮助物理学家理解了他们工作的思想”。霍夫丁去世后，玻尔继承了他的遗产，住进了嘉士伯啤酒厂创始人留下的别墅，丹麦科学院认为这是丹麦最伟大的知识分子的家。这一继承也彰显了玻尔在丹麦哲学和文化中的地位。

维京哲学家

思想家期望用工具重塑科学，这个工具是在证明人类不可能知道一切时采用的。这是如何证明的呢？让我们从物理学开始。我们的理解模式是思维具有连续性，因此物理学假设运动、行动、因果均具有连续性。正如古代哲学家所说，自然不会跳跃。这种假设是思想的必然要求吗？最大的问题是，运动或活动的连续性假设是否可以在所有领域中均成立。如果不可以，自然和知识之间就存在非理性关系的鸿沟。事实上，事情就是这样的。对我们来说，存在永远无法毫无保留地被纳入思想。

我们通常的分析假定作为主体的观察者和作为客体的被观察者之间有明确的界限。唉，这不过是一种放纵的妄想。客体和主体是相互决定的，纯粹的主体和自在之物一样虚幻。不仅没有纯粹的情况，而且客体与主体之间的相互影响也永无止境，受客体影响的主体成为新客体的新观察者，如此循环往复。在这里，我们再次遇到了非理性，也许我们最清楚地看到，与我们的知识相比，存在是多么取之不尽用之不竭。认识到人类无法创造穷尽现实的概念，我们没有理由感到绝望。因为思想与现实之间关系的非理性才是使人类进步的可能性所在。这就是，霍夫丁所说的。

克尔凯郭尔说得更好。我们无法对“存在”做出完整的描述，因为我们的知识和经验在不断增长和变化；由于我们是我们试图用思想捕捉的“存在”的一部分，所以我们试图把握的是未成型或不断成型的东西。克尔凯郭尔冷笑说，学术哲学家们忽略了这一点，因为他们是如此的非实体，他们把自己排除在一般存在之外。这个主体被客体改变的问题可以追溯到克尔凯郭尔的主要赞助人——鲍尔·默勒（Poul Møller）的一个故事。在默勒的故事中，一个沉迷于思考的学生，通过思考自己，思考第二个自己……使自己陷入了智力上的无能，并通过在任何特定时间都找不到足够的理由去做某个动作，使自己陷入了身体上的无能。玻尔认为这个故事很好地说明了量子物理学的问题以及丹麦人处理这些问题的方法，以至于他后来向他所有的外国学生宣传这个故事，让他们掌握足够的丹麦语来阅读这个故事。这个故事不仅提出了主体和客体之间的划分问题，还表明了为了取得进步而任意中断逻辑思路的必要性。

引入对时间的考量，提供了另一种方式来证明理性分析的局限性：我们所获得的任何理解都只能是追溯性的。正如霍夫丁在1904年说：“我们向前生活，但向后理解。”并不是所有的事情都适合向后理解，因为我们永远无法解释，我们如何能够向后理解前瞻性开放事物的必然性。这正是玻尔用多重部分真理学说来表述自由意志问题的方式：我们在前瞻中是自由的，在回溯中是受束缚的。要求描述我们意志感觉的情况和我们思考我们行动动机的情况具有完全不同的意识内容。

在克尔凯郭尔的《人生道路上的阶段》中，时间发展的非理性令人震惊。为了准备硕士论文和考试，玻尔从哥本哈根的喧闹中抽出身来，住进了乡村牧师的住宅。对于玻尔和克尔凯郭尔这样的浪漫主义知识分子来说，这真是个好地方。“我在这里孤独地散步，思考着许多事情。”玻尔这样说道。当然，他思考了物理学、数学和逻辑学，也思考了认知问题、人生阶段、善的本质。这段经历对他而言意义重大，因为多年后他仍能准确详尽地讲述这段经历。正如玻尔所说：“克尔凯郭尔给我留下了深刻的印象，当时我在富宁（Funen）的一个牧师住宅写论文，我日夜阅读他的作品……他的诚实和将问题思考到极致的意愿正是他的伟大之处。他的语言也非常精彩，常常令人叹为观止。”玻尔将他的《人生道路上的阶段》作为生日礼物从富宁寄给了弟弟哈拉尔德，并在信中写道：“这是我唯一要送的东西，而且我想我很难找到比它更好的东西了……我绝对认为，这是我读过的最美的东西。”

克尔凯郭尔的《人生道路上的阶段》用六个化身来阐述他对人类境况的洞察。最早的阶段是审美阶段，这一阶段对有些人来说会持续一生，是一段无忧无虑的尝试期。克尔凯郭尔通过他的前四个化身在一次关于爱情、生命和宇宙的研讨会上的演讲来描绘这一阶段。研讨会上每个人都说了一些真话，尽管他的说法与其他人的说法有冲突。第五个化身是一位自以为是的法官，他阐述了美好婚姻的优点，即第二阶段——道德阶段的精髓。法官的妻子有耐心，也善解人意，并支持他、保护他。法官和他的妻子分开后所取得的成就都比不上他们将各自互补的品质汇集在一起所取得的成就高，他俩都为婚姻生活的真谛做出了同等的贡献。玻尔比大多数男人更需要这样的伴侣，而玛格丽特恰巧完美地符合这种类型。第三个也是最后一个阶段，即宗教阶段，只有经过信仰的飞跃才能达到，我们知道玻尔无法实现这种量子飞跃。

克尔凯郭尔的第六个化身是一个完美的典范，一个浪漫的踽踽独行的年轻评论家。这个年轻评论家就是约翰内斯·克里马库斯（Johannes Climacus），他对思考的热情是如此强烈，以至于他无法想到女孩。但他恋爱了，疯狂地恋爱了，恋爱的对象是思想，或者更确切地说是思考。克里马库斯拥有一个总是寻找困难的浪漫的灵魂，也就是说，他是一个像玻尔一样完美的批评家，他设法证明了“现代哲学始于怀疑”这一基本原理。自笛卡尔（Descartes）以来，哲学家们都赋予了这一基本原理一些意义，但它根本没有任何意义。可怜的克里马库斯甚至从未进入公认的哲学门槛，他变得越来越孤僻，害怕杰出的思想家们听到他也想思考时会嘲笑他。

物理学家

当玻尔学习克尔凯郭尔的哲学思想时，他开始撰写他的硕士论文，论文回顾了金属的电子理论，该理论提出了一个难以置信的假设，即电子在导线中的流动就像气体分子在管道中的流动一样，以此来解释金属的辐射、磁性和导电特性。这一假设促使物理学家将他们在气体中使用的复杂统计方法应用到导电导线中。玻尔在他的博士论文中继续对电子理论进行了批判性的评论。1911 年，因为丹麦没有人掌握足够的物理学知识可评判玻尔的博士论文，所以他在答辩时没有遭到反驳。玻尔证明了该理论无法解释与实验相符的金属的热辐射和金属在磁铁作用下的行为。

无法解释热辐射并没有让他感到惊讶。十年前，一个更简单的热辐射案例抵挡了德国著名理论物理学家马克斯・普朗克（Max Planck）咄咄逼人的攻势。普朗克提出了一个看似更简单但更深奥的问题，即如何确定一个保持恒温的热烤箱壁面辐射的能谱。他所说的“能谱”是指不同频率辐射的相对强度，如红色区域的辐射强度、黄色区域的辐射强度、蓝色区域的辐射强度等。他的目标是为恒温 T 的烤箱的每个可探测频率 ν 的强度指定一个数字 ρ。或者说，正如物理学家在描述他们的探索目标时所写的那样，普朗克寻求的是一个数学表达式——$\rho(\nu,T)$，以此来概括辐射的状态。

普朗克对烤箱问题表现出极大的兴趣，因为经典物理学可以证明$\rho(\nu,T)$并不依赖于烤箱壁的具体材料是什么，这使得其意义肯定远远超出了对特定加热腔中辐射的描述。除了定义平衡的温度T和指定颜色的变量ν之外，ρ只能包含烤箱问题所在的物理学两个领域的特征常数，这两个领域涉及作为光、热辐射和电磁力介质的“以太（aether）”和作为元素周期表中对象的“物质”。1900年，最新的理论家们认识到，当时刚刚被探测到的电子是以太和物质之间的可能耦合器，它由与电荷密不可分的微小质量组成。汤姆逊对这一观点进行了大胆的推断，他提出电子是原子的组成部分，也是金属特殊性质和元素周期性的关键，电子的运动是造成包括辐射在内的以太中大多数过程的起因。

电子如何激发以太？这是英国数学物理学家开尔文勋爵（Lord Kelvin）在20世纪初看到的笼罩在物理学上空的两朵“乌云”问题之一。问题的关键在于用为了描述有质量的物质而提出的概念来描述以太的行为是存在困难的，1900年人们普遍认为这是不可能的。开尔文指出，如果以太对穿过它的物体的运动有起码的机械响应的倾向，那么在实验中就不可能检测不到任何本应出现的效应。爱因斯坦于1905年用相对论拨开了这层迷雾，但正如开尔文所预见的那样，他付出了高昂的代价，这是因为相对论要求人们放弃对空间和时间的直觉。开尔文在确定他的第二团乌云时也同样具有先见之明。它粉碎了普朗克将烤箱空腔辐射置于经典物理学之下的企图。

这第二团乌云就是被称为“能量均分”的民主原则。将气体样本表示为一个巨大的弹跳分子集合体显然是物理理论一个必然的结论，该原则要求在平衡状态下，随着时间的推移，每个分子都应享有与平衡温度成正比的相同平均能量。人们发现，在普朗克的烤箱中对以太采用这种能量等分原则是灾难性的，因为它会把所有的辐射能量都推向高频段从而出现了发散。普朗克的物理学使他的烤箱即使在冷的时候也能发光。

空腔辐射中的高频模式即使在能量均分的情况下，也会以牺牲低频模式为代价来获取能量，其原因不难理解。虽然以太并不遵守力学定律，但是我们仍可将达到热平衡的空腔比作巨大的吉他弦，每根弦的两端都固定在腔壁。这种固定只允许波长是琴弦长度整数倍的振动。波长越短，频率越高，琴弦上可容纳的波数就越多。由于能量均分原则为每个模式分配了相同的平均能量，因此当辐射达到平衡时，频谱的上端几乎拥有所有的能量。为了试图避免这种理论上的灾难，汤姆逊的一些同事，特别是詹姆斯·金斯（James Jeans）提出了一个巧妙的想法：世界存在的时间还不够长，平衡还没有形成。这就是上帝尺度上的物理学。

普朗克设定了激活高阶模式所需的能量阈值，从而消除了高阶模式的优越性。他要求构成空腔壁的“谐振器”具有与其频率成正比的最小激活能量ε，这就是后来物理学中著名的$\varepsilon=h\nu$（谐振器是一个固定在完美的无重无限小弹簧上的电子，所有先进的物理实验室都有这种弹簧，它在振动时会精确地发出均匀的辐射)。尽管非常小，普朗克常数h的有限性使得频率较高的谐振器比频率较低的谐振器更难获得其最小能量“量子”$h\nu$。它的社会学类比是让富人比穷人更难赚钱，这形象地说明了普朗克量子理论的奇异之处。

普朗克的谐振器只能以跳跃和块状$h\nu$的形式吸收和释放能量。这违反了经典物理学所依赖的连续性概念。此外，它还留下了一个谜题：一个共振器如果积累了一个以上的量子，它是一次性全部释放掉，还是一次只能释放一个量子；释放的量子是否会像一块石头掉进池塘里一样在以太中产生波浪，还是会像以太不存在一样在池塘里航行。1905年，爱因斯坦提出了一些理由，让我们相信在某些情况下，辐射会像射弹穿过真空一样穿过以太。爱因斯坦并没有抛弃为现代物理学提供更多服务的“空间”或“真空”的物理学家称作“以太”的介质。玻尔拒绝接受爱因斯坦的“光量子”约二十年之久，后来实验迫使他承认了这一说法，并促使他创造了哲学和物理学的最终混合体。

幸运的是，玻尔在完成1911年的博士论文时并不需要了解光的本质。他担心的是均分问题，因为他发现均分问题破坏了金属电子理论的一大成功之处——将顺磁性和反磁性归因于电子轨道在磁场中的取向。玻尔证明，如果电子发生相互作用，均分状态并不能使取向保持不变。为了解释这种现象，玻尔提出了一种理论之外的机制，必须引用类似普朗克对谐振子的限制来替换能量均分。由于玻尔预计所有理论都会在某个地方崩溃，他很高兴自己发现了如此明显的失败案例。磁性问题是玻尔计划在博士后研究期间与汤姆逊讨论的金属理论的严重缺陷之一。

玻尔于1911年在春季完成论文后，由于父亲在2月份的突然去世和为出版而修改论文的工作耽搁了一些时间，直到秋天他才抵达剑桥大学。他还得为一年的海外学习筹集资金，为此他向嘉士伯基金会（Carlsberg Foundation）提出了一份总计约二十字的申请书申请学习资金，而用更多字数的申请书申请了在英国出版他博士论文英文译本的资金。

第二章

成功的模糊性

原子世界中的以太与物质示意图

以太和物质

玻尔到剑桥大学后，剑桥大学的科学大咖们热情地接待了玻尔。汤姆逊为玻尔建立了与学院的联系。数学物理学教授约瑟夫·拉莫尔（Joseph Larmor）表示，如果玻尔的论文篇幅减半并用易懂的英语表述，他愿意将其出版。在初到剑桥大学的几个星期里，玻尔欣喜若狂。他在9月26日写给玛格丽特的信中说："今天早上，我站在一家商店门口，看到门上写着'剑桥'，我感到非常高兴。"但是他设想的与汤姆逊的合作并没有成功。当时，这位教授已经远离了金属理论，也没有时间去掌握玻尔论文所用的丹麦语。玻尔孜孜不倦地从事着翻译工作和汤姆逊交给他的平淡的实验研究工作，但他既没有兴趣也没有语言能力在实验室里大展身手。同时，他积极地阅读并参加讲座。汤姆逊关于高尔夫球飞行的讲座是玻尔称赞的讲座之一，它很有趣、很有启发性、很美、很闪亮。因为玻尔是一个"有点疯狂"的鉴赏家，他在原子领域拒绝接受经典物理学。启发他的书，有拉莫尔在1900年针对万物理论尝试创作的《以太与物质》。

拉莫尔在这本晦涩难懂的书中教导我们：面对必然的失败，努力寻求一种普遍的理论是崇高的；如果诚实且不懈地追求，哪怕做出一些不切实际的假设，也是合法的；不要害怕脱离现实，每一个思考结果都可以描述为不仅仅是对感觉的记录或比较。拉莫尔发现，经典物理学在微观世界中是站不住脚的。那么该如何继续呢？放下顾虑，提高水平，思考，思考，再思考！发现的历史或许可以为我们提供强有力的理由，使我们相信努力提高思维清晰度的重要性并不亚于对现象的探索。这是对有抱负的学生的鼓励！“当我读到如此优秀和宏伟的作品时，我就感到有勇气和愿望去尝试我是否也能完成一点点。”玻尔写道。

玻尔很快就意识到，剑桥大学不是他施展才华的地方。对于像他这样的高材生来说，剑桥大学的制度并不适合他，而且汤姆逊和拉莫尔都没有发现他的天赋。也许，对于一个在国内备受赞誉的年轻人来说，在国外被忽视是件好事。但认识到这一点并不轻松，反而使他加剧了对能否偿还债务的担忧。通过他父亲以前在曼彻斯特大学（The University of Manchester）任教时的一位学生，玻尔认识了热情洋溢的物理学教授卢瑟福，并决定移居曼彻斯特大学学习放射性方面的知识。1912年春天，玻尔抵达了曼彻斯特大学，并立即开始日常的实验室工作。当他的放射源用完时，他对论文英文版的写作耐心也用完了。他利用这段闲暇时间接触了一个新问题，即“原子中的电子如何与通过的阿尔法粒子相互作用”，这是卢瑟福的高级研究员查尔斯·高尔顿·达尔文（Charles Galton Darwin）正在研究的一个课题。达尔文将绕轨道运行的电子视为自由电子来简化问题。根据玻尔为自己论文所做的计算，玻尔知道达尔文的简化是不合理的，因为经过的阿尔法粒子对原子电子的影响取决于它围绕平衡轨道振荡的周期，如果周期与通过时间一致，就会产生共振。这激发了玻尔的兴趣，因为他觉得通过研究共振，便可以了解原子电子的周期，从而了解原子电子的结合问题。

下一步显然是研究受阿尔法粒子刺激的轨道电子的振荡。玻尔很快就发现自己陷入了困境：电子在轨道面上发生的振荡是不稳定的；经典物理学会将含有两个或更多电子的核状原子撕裂；研究无法按他的计划进行。他认为失败可能会指明方向，就像他说：“也许我已经发现了一些关于原子结构的知识。”玻尔已经认识到，核状原子可以清楚地区分涉及其电子结构的普遍现象和位于原子核中的放射性现象的差别。1912年，物理化学家格奥尔格·冯·赫维西（Georg von Hevesy）也在曼彻斯特大学做研究，他向玻尔提供了这样的信息，即一些在放射性性质和推断的原子量方面明显不同的物质在化学上是不可区分的。玻尔基于此提出了同位素和原子序数的概念。此时，关于核状原子，至少有了对与错之分。

玻尔本可以尝试通过查阅光谱学的数据来取得进步，因为光谱学在记录元素的线状光谱时，原则上提供了有关电子绕轨道振荡所产生的以太振动的珍贵信息。玻尔最初并没有选择这种从电子产生的以太振动推断原子电子结合信息的以太方法。相反，他采用了汤姆逊开创的原子结构方法。对他来说，首要问题是弄清楚电子如何在原子中排列，从而产生元素的周期特性。玻尔在1912年7月准备与卢瑟福讨论的一份备忘录中研究了这个问题。备忘录的核心内容是解决一个原子因辐射而失去所有能量后的大小问题。就像在太阳系中一样，经典物理学的原理没有规定轨道的半径，只有未知的初始条件才能解释行星围绕太阳旋转的距离，而另一个行星将占据不同的位置。但是，特定元素的所有原子在基态时的电子结构似乎是一样的，正如詹姆斯·克拉克·麦克斯韦（James Clerk Maxwell）常说的那样，它们就像人造物品一样。除此之外，还缺少某个东西，因为卢瑟福原子轨道动力学中的物理常数是电子的电荷e和质量m，以及原子核上的电荷Ze，从中无法推断出任何可解释为距离的量。然而，加上h，一切都好办了，h^2/me^2恰好给出了原子尺寸数量级的长度。

玻尔通过类比普朗克的谐振器，将h引入核状原子结构的描述中。然而，由于束缚电子的能量相对于自由电子来说是负的，而普朗克的能量子$\varepsilon=h\nu$要求的是一个正量，因此玻尔使用了动能T。接下来，“尝试理解不同物理结构之间潜在联系的确切形式特征，不要害怕脱离现实！”就像拉莫尔所说。玻尔提出了一个难以置信的条件：在原子的永久态或基态中，每个电子的动能必须与其轨道的旋转频率ω成正比，即$T=K\omega$。由于普朗克谐振器和卢瑟福原子在结构上存在差异，玻尔没有把K更精确地规定为h的倍数，从而留出了一些回旋余地，结果这个倍数是1/2。如果K条件固定了原子的大小，那么当电子满足K条件时，它们就不会受到经典物理学预言的破坏过程的影响了，如图2-1。

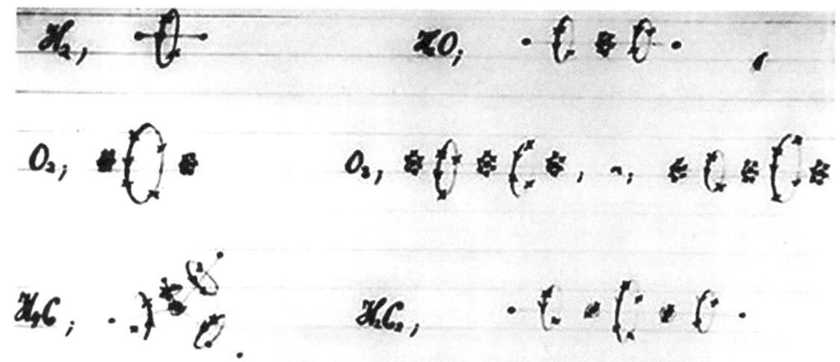

图2-1 《卢瑟福备忘录》中原子和分子示意图

玻尔认为，他的K条件和与之相冲突的经典力学相结合，意味着原子的核外结构由同心电子环组成。他欣喜若狂地发现，能量方面的考虑将最内环的电子数限制为七个，而元素周期表排列中的该电子数应该是八个。“这似乎是对这些元素化学性质合理解释的有力证据。”这个论点显然是错误的，不是因为7≠8，而是因为它违反了玻尔在备忘录末尾证明的基本定理——在核状原子的圆形轨道上对称放置的电子环的总能量等于它们组合动能的负值，因此永远不可能是正的。所以，即使被K条件进行了修正，经典力学也不会限制环中电子的数量。也许玻尔的草率导致的错误反映出他渴望带回决定性的证据，但也足以证明他正在走向成功。

而事实上，他已经有了良好的开端。他要想成为世界原子物理学家的领袖，就必须在核状原子和普朗克谐振器之间找到两个不同点，必须将束缚电子的周期运动频率（M频率或物质频率，用ω表示）与电子产生的辐射频率（A或以太频率，用ν表示）区分开来。由于普朗克谐振器直接在以太中激发与其振荡频率相同的振动，因此其M频率ω和相关的A频率ν是相同的。作为一个例外，核状原子并不满足这一相等性。与这一区别密切相关的另一个区别是，普朗克谐振器无论能量大小都以相同的频率振动，而绕轨道运行的电子在获得或释放能量时必须改变频率。普朗克的条件$\varepsilon=h\nu$应用于核状原子时，意味着每一个A频率都有两个不同的M频率，一个M频率用于发射轨道，另一个M频率用于接收轨道。

1913年初，哥本哈根大学的物理学家汉斯·汉森（Hans Hansen）问玻尔，他的原子模型是如何产生光谱的。玻尔回忆说："我不处理光谱问题，它们太复杂了。正如不能从蝴蝶翅膀的颜色中推断出来生物学原理一样。"汉森坚持说："你看过巴尔末（Balmer）公式吗?"玻尔看了看，就看到了希望之光。巴尔末公式给出了氢气发射的一系列光谱线的频率，完美地体现了他所寻求的关系。这个公式是$\nu_n=R(1/4-1/n^2)$，其中R是一个通用常数，它将一个A频率ν_n与两个M频率$R/4$和R/n^2联系起来，并将发射量子的能量$h\nu_n$表示为两个能量$hR/4$和hR/n^2之差。这里的整数n指的是氢光谱中谱线的序列号，n越高，颜色越蓝。

玻尔显然是以上述方式解读巴尔末公式的。正如前面所观察到的，在核状原子的圆轨道上，电子的总能量是其动能 T 的负值，因此将巴尔末公式解释为第 n 个轨道和第二个轨道之间的能量差，就得到了 $T_n=Rh/n^2$。玻尔将《卢瑟福备忘录》的基态轨道条件 $T=k\omega$ 推广到 $T_n=K_n\omega_n$，从而将这一见解纳入了他研究的模型。更高能量的状态具有辐射的特权。玻尔通过各种不确定的论证推导出：$K_n=nh/2$，所以电子可以存在于任何数量的具有动能 $T_n=nh\omega_n/2$ 的量子稳态中。

当读了剑桥大学数学家约翰·威廉·尼科尔森（John William Nicholson）于1912年末发表的一系列惊人论文时，玻尔便得出了这一结论。

尼科尔森将光谱线追溯到核状原子中电子垂直于其轨道平面的微小振荡，这些振荡与轨道平面内的振荡相反，可能是稳定的。尼科尔森默认这些振荡中发射的A频率与其M频率相同，并计算了含有四或五个电子的扰动环原子的预期光谱。在现在看来纯属巧合的情况下，尼科尔森发现这些环的输出与太阳和某些星云发出的不少于二十四条未归属线之间的匹配精确到了三或四位有效数字。这些匹配使尼科尔森能够确定原子环的半径，这是他的原子模型中唯一的自由参数，由这一自由参数便可计算出电子的能量。尼科尔森用角动量 $T/\pi\omega$ 来表示结果。在所有情况下，角动量都是普朗克常数 h 除以 2π 的小整数倍。

玻尔很容易就检验出，在允许的状态下满足条件的电子的角动量等于 $h/2\pi$ 的整数倍。于是，他发明了一个混合模型，在这个模型中，电子分阶段接近裸核，就像阿尔法粒子变成氦原子一样，从一个允许的轨道下降到另一个允许的轨道，在每一个允许的轨道中，电子通过垂直于其运动平面的振荡来辐射能量，就像弹球通过一系列音叉下落一样。玻尔在与卢瑟福的对话中认为，基态是允许状态中的最后一种状态，当被俘获的电子通过辐射失去了它所能失去的所有能量时，就达到了这种状态。

波尔对这种混合模型的研究并没有持续很长时间，当他把巴尔末公式解释为能量方程时，他放弃了对尼科尔森的妥协，引入了量子跃迁。用巴尔末线系的运行整数n来表示从原子核向外计数的允许状态的数目，并使用他对第n个状态假设的广义条件$(T/\omega)_n=nh/2$，玻尔得到了第n条巴尔末谱线$h\nu_n=T_2-T_1=(h/2)(2\omega_2-n\omega_n)$或$\nu_n=\omega_2-(n\omega_n)/2$。

换句话说，第n条巴尔末谱线的A频率是第二个允许轨道的M频率减去第n条轨道的M频率的二分之n倍！A频率与产生A频率的电子的M频率只有间接和不透明的关系。这就是玻尔的原子量子化模型的特点，在他同时代的最有见识和最有批评精神的人看来，这是很不寻常的，因为它用一个无法理解和无法分析的跳跃假设取代了经典的光发射连续振动理论。

卢瑟福的反应很有启发性。他无法想象电子是如何在不振动的情况下激发以太的，他反驳道：“电子在跳跃之前必须知道它要停在哪里，以便在旅途中适当地振动。那么，它怎么可能事先知道自己的终点呢?”玻尔说，量子定律不允许我们窥探电子的旅行计划。爱因斯坦的反应是惊讶。据赫维西报道：“他非常惊讶，告诉我‘光的频率完全不取决于电子的频率……这是一个巨大的成就’。”玻尔又能提供什么来证实他的怪诞想法呢？他可以用更基本的量来计算常数R、描述辐射器特征的e和m，以及与e和m一起定义原子大小的h。理论表达式与氢常数R_H的经验值在大约6%的误差范围内保持一致。通常工作精确到五位或更多位有效数字的光谱学家对此并不以为然，他们指出了另一系列他们认为是氢的谱线，两者的一致性更差。这个系列遵循巴尔末式的半整数表达式：$\nu_n=R(1/3^2-1/n^2)$。由于半整数在他的理论中是不可能存在的，玻尔将该公式改写为$\nu_n=4R[1/(3/2)^2-1/(n/2)^2]$，并将其表示的线归因于电离氦，对于电离氦，有$Z=2$，故$R$包含因子$Z^2$。

光谱学家在清除了氢气的氦气管中发现了该谱线，从而纠正了一个以前的严重错误认识。然而玻尔的妙招立即引起了一个重要的新反驳：电离氦的常数R_{He}的经验值不是他的理论要求的氢常数的4倍，而是4.00163倍。玻尔以巧妙地退回到经典力学的方式来应对这种紧急情况。他原以为核子与电子的质量比是无限大的，但实际上该质量比对氢为2000，对氦为8000。把这些有限值引入轨道力学，玻尔得到$R_{He}/R_H=4.0016$，而e和h在比率中抵消了，因此它们值的不确定性无关紧要。光谱学家富有成效的反驳为玻尔理论的改进指明了前进的方向。从那时起一直到向量子概念妥协，玻尔始终以最忠实的方式开发原子的力学模型。

然而，该理论的量子方面，也就是确保数值一致性的基本假设$T_n=n\omega_n h/2$并无物理依据。玻尔四处寻找这一基本假设的物理基础，他的收获是四个不同的、互不一致或勉强一致的理由。前两个理由对普朗克理论进行了不同的类比，假定自由电子被俘获进入第 n 个定态时发生 T_n 的发射。然后，着眼于普朗克的假设和定态的定义方程，即 $h\nu_n=T_n=n\omega_n h/2$，玻尔得出了令人费解的结果，即 $\nu_n=n\omega_n/2$。这是否意味着A频率为 $n\omega/2$，或者，如果辐射以 n 步发生，则为 $\omega/2$？玻尔不知道，他提供了两种可能性。为什么会出现M频率的一半呢？玻尔认为，A频率可能是参与轨道的M频率的平均值，将非束缚状态的频率取为0，平均值就是 $\omega/2$。这个建议似乎是临时的，但它的优点是与奇怪的结果一致，即需要两个M频率才能产生一个A频率。

定义方程 $T_n=n\omega_n h/2$ 的第三个理由是对应原理（Correspondence Principle），这是玻尔为探索他的量子迷宫而开发的方法。在这一初步阶段，对应原理要求在远大于1的相邻轨道 $n+1$ 和 n 之间的转换中，A频率必须与M频率在数值上接近相等。但M频率有两个！不过，在对应的极限中它们会逐渐相等。在 n 的大值极限下，$\nu_{n+1,n}=R[1/n^2-1/(n+1)^2]\approx 2R/n^3=\omega_{n+1}\approx\omega_n$。然后玻尔得到了 $R=n^3\omega_n/2$。一个不为矛盾所困扰的代数学家可以很容易地得到 ω_n 的表达式。我们只需要在经典物理学的圆周运动方程 $Ze^2/a_n^2=m\omega_n^2a_n$ 和玻尔的基本量子假设 $T_n=m\omega_n^2a_n^2/2=nh\omega_n/2$ 之间消除掉第 n 个轨道的半径 a_n。这一操作恢复了玻尔早期的 R 值，值得在此记录下它的美妙之处：$R=2\pi^2mZ^2e^4/h^3$。

这三个推导（两个来自普朗克的概念，一个来自原对应原理）可以被视为以太公式，因为它们都来自辐射条件。

第四个推导回到了《卢瑟福备忘录》中的物质方法，并在轨道上设置了一个条件：电子在其第 n 条允许的圆轨道上的角动量 p_n 等于 $nh/2\pi$。玻尔很快就放弃了普朗克的两个推导，认为这两个推导具有误导性，并将第三个推导作为他后来原则性推导的基础。而在讨论圆周轨道时，尽管第四个推导混合了经典力学和量子思想，但为了方便起见，他还是使用了第四个推导。尽管角动量的条件完全是误导性的，而且误导了许多人，但它被证明是富有成效的。正如玻尔以神谕式的方式说道："虽然这篇论文中给出的计算显然不存在力学基础的问题，但是，通过从经典力学中获得的符号的帮助，可以给出一个非常简单的计算表达式……"

这些为他新颖的原子理论奠定基础的数次尝试，让我们得以深入了解玻尔工作时的思维方式，以及他同时接受几种相互矛盾的思想表述时所用的方法。这种方法的运用需要爱因斯坦所称的玻尔的"不屈不挠的策略"，他能够选择那些他可以安全前进的立足点，从一个摇摇欲坠的位置慢慢移动到一个稍微好一点的位置，然后，也许要放弃所有的立足点。在他的轨道模型被量子力学取代很久之后，有人问他在提出这个模型时使用了哪些论据。他回答说，他不可能认真考虑过这些论据。尽管后来在同一次采访中，他回忆说，当卢瑟福提出要删减论文定稿时，他为定稿的每一个字辩护说："这对论证是非常重要的。"那么，在基本方程 $T_n=nh\omega_n/2$ 中得到系数 1/2 的平均值的理由是什么呢？那只是看问题的方式太愚蠢了。那与普朗克理论的奇怪类比呢？玻尔回答道：“那是太认真了，你看，其实不是这样的……我根本就没当回事。关于这一点，有些句子我也认为是无稽之谈……我很难理解它的意思。”角动量的条件呢？玻尔说：“如果把它全部省略掉，真的会更美。”整个方法呢？他说：“大部分都是纯粹的废话。”

未完成的事业

40 玻尔仍在曼彻斯特大学为“三部曲”第一部分的每一个字辩护，并将《卢瑟福备忘录》扩展到了第一部分，他问玛格丽特是否能读懂第二部分和第三部分。这涉及玻尔在遇到巴尔末公式之前考虑过的一个重大问题。现在他有了一个精确的K原理，他从第一部分的第四个公式中得到了这个公式：在原子的基态下，每个电子的角动量等于$h/2\pi$。为了利用这个公式来解释元素的周期性质，玻尔回到了不稳定环的机械稳定性这个棘手的问题上。他忽略了环平面上不稳定的振荡，从尼科尔森所研究的垂直于环的稳定振荡出发计算。他的经典计算的主要结果是，一个由n个电子组成的环绕着一个电荷ne旋转，如果$n \leq 7$，并且每个电子围绕原子核的角动量保持为$h/2\pi$，那么这个环在垂直位移下是稳定的。通过计算势能的误差复现了《卢瑟福备忘录》

中声称的结果！

由于这个可靠的结果，玻尔继续将环结构分配给高达 Z=24 的铬元素，而不考虑数字 7。正如他所承认的，他的原则通常不会明确地确定电子分布。当陷入困境时，他就求助于微妙的力学论点和以化合价为代表的残酷事实。

按照一贯的方式，他考虑通过一个电荷为 Ze 的裸核连续捕获 Z 个电子而形成原子。正如我们所知，单价电离氦的行为类似于氢。但当它加入第二个电子形成一个环时，中性氦紧紧地结合在一起，其大小略大于氢原子的一半。锂的麻烦之处在于它与前两个电子的结合比氦更紧密，如果自然界遵循玻尔的要求，即受到其角动量的限制，基态应比任何其他构型具有更少的能量，则第三个电子也会如此。但化学证据表明锂有一个容易分离的电子。因此，玻尔采用了自己所用的明显的速记法表示的结构，即 3(2,1)。对于铍，类似的考虑也产生了排列 4(2,2)。

这些规定是前所未有的。尽管汤姆逊指出了化学性质与原子中某些环状排列之间的联系，但他从未具体说明过任何环状排列的结构。虽然玻尔无法在原则性的基础上得到比氦更复杂的原子的结果，但在玛格丽特、卢瑟福和人们对第一部分的赞誉的激励下，他重新拾起的信心使他到达了前人从未到达过的地方。当到达铍的分水岭时，他停下来研究两个含有相同数目电子的同心环的行为。玻尔假定，内环会增长，外环会收缩，直到它们的大小相同，其中一个环中的电子与另一个环中电子的间隙相对。如果现在外力消失了，那么这些环就会凝聚在一起。看来，当两个环所含的电子数相同时，两个环的汇合趋势更大。因此，当电子被添加到铍以外的原子中时，它的两个各含两个电子的内环将趋向于聚合成一个四电子的内环。

当这位勇敢的探险家进一步探索未知领域时，他希望找到两个四环合成一个八环，正如元素周期表中第二和第三周期的长度所显示的那样，大自然对这些元素有着特殊的偏爱。至于两个二环何时结合成一个四环，或两个四环何时结合成一个八环，理论上是无法确定的。从化学角度看，锂的最外环中的电子数提供了强有力的线索，因此玻尔将氮的最内环（第一环）电子数增加到四个，即7(4,3)，将氖的最内环（第一环）电子数从四个增加到八个，即10(8,2)。与此同时，氧的两个外双环8(4,2,2)在氟的9(4,4,1)中结合起来。从氖到铬，最内层的环仍然是8，玻尔将其结构命名为24(8,8,4,2,2)。无须进一步讨论，元素的这种构成将与观察到的元素性质相似，这似乎并非不可能。特别是，内环的形成解释了过渡金属之间化学性质的相似性，也解释了稀土之间化学性质的相似性。玻尔对第二部分相当满意，他在其中吹嘘道："通过引入束缚电子角动量普遍恒定的假设，将普朗克的辐射理论应用于卢瑟福的原子模型，得出的结果似乎与实验一致。"然而，他对碳6(2,4)之外的所有猜测都是错误的。

X射线暴露了他的错误。在曼彻斯特大学，与他同时代的亨利·莫斯利（Henry Moseley）发现，一个与巴尔末公式非常相似的公式适用于原子发射的最高频率线。这些线中强度最高的线被任意命名为K_α，从钙（Z=20）到锌（Z=30）的元素满足公式$\nu_K=R(Z-1)^2(1/1^2-1/2^2)$。玻尔密切关注莫斯利的工作，也很有可能参与了其设计，因为1913年7月玻尔在曼彻斯特大学与卢瑟福讨论第二部分和第三部分时，莫斯利正在计划他的X射线光谱研究，如图2-2。

图2-2　玻尔和卢瑟福在泥泞中散步和交谈

莫斯利用一个简单的方程概括了自己的研究结果，其中有两个特点令玻尔和卢瑟福都感到惊讶。首先，没有周期性的迹象，因此，由于玻尔假设K线起源于最里面的环，就没有证据表明自己所期望的聚合。其次，这些结果无法解释类似巴尔末的公式。第二部分的原理阻止了后来采用的明显解释：最内层环的电子数在基态时不超过两个；移除一个电子后，有效核电荷数为$Z-1$；从第二环来的填补空位的电子有两个角动量量子。玻尔对环状物的聚合现象进行了分析，给出了从钙以下的内层八个电子的排列顺序。他的基本原理是将正常原子中的所有电子限制在单一的动量量子上。玻尔把自己逼到了死角，他写信给莫斯利说："目前，我已经停止了对原子的猜测。"

第三部分是"三部曲"中最短的一部分，主要讨论两个原子核的稳定性。通常认为这两个原子核是相同的，由电子带固定在一起。与第二部分类似的计算表明，哑铃系统只有在相当狭窄的标准下才具有机械稳定性，玻尔将这些标准应用于价数为1或2的原子之间的共价键。像往常一样，他想象用原子组装分子。在最简单的情况下，外力迫使两个氢原子相互靠近，它们的环平行，电子的轨道运动相位相差180度。玻尔说，他通过计算证明了整个过程中运动的稳定性，而且由于两个原子相互吸引，因此不需要外力作用，如图2-3。

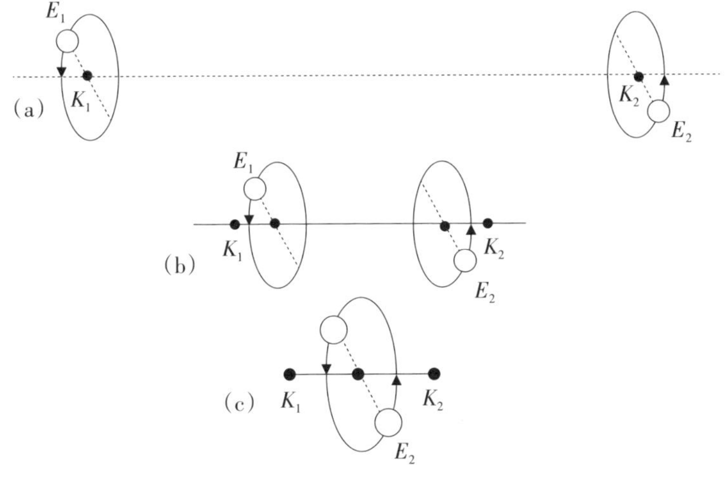

图2-3 氢分子的形成

除了氢之外，玻尔还提出了反对氦分子存在的论据，并玩起了由电子环将HCl和H_2O固定在一起的模型。玻尔曾说过，要想更进一步，就会“远远飞出”他的理论范围。事实上，他再也没有尝试过这种飞行。玻尔在结束他对现代物理学伟大贡献的“三部曲”时重申了其中的五项原则。有些原则他没有严格遵守，有些原则他很快就放弃了。

1. 辐射不是连续发射或吸收的，只有当系统从一个定态进入另一个定态时辐射才会发射或吸收——这是玻尔在垂直于运动平面的扰动振荡中违背的命题。

2. 经典力学控制定态，但不控制定态之间的转换——这也违反了在运动平面上的非法振荡。

3. 定态之间的转换所发射的频率涉及能量$h\nu$的变化。发射的辐射在以太中以波的形式前进。

4. 定态是由这样一个条件决定的：在其形成过程中，发射的总能量除以电子的旋转频率等于$h/2$的整数倍。对于一个圆形轨道来说，这使得它围绕原子核的角动量是$h/2\pi$的整数倍——这种提法把关于辐射的条件与关于机械运动的条件融合或混淆了。

5. 在环状原子的“永久”或基态中，每个电子都有一个量子的角动量——这一限制很快就被放弃了。

玻尔曾计划在关于原子和分子构成的长篇论文的第四部分中讨论磁性。这个主题似乎已经成熟，他规定，即使移动到磁场中，每个束缚电子也必须保持其角动量，这为我们提供了一种方法来规避其在论文中对经典的顺磁和反磁理论提出的批评。但有两大障碍阻碍着他：其一，经典电动力学将电子轨道的角动量与磁矩联系在一起，而按照玻尔的规则进行量子化后，发现磁矩比测量所允许的大五倍；其二，玻尔的量子跃迁辐射推翻了一个曾获得诺贝尔奖的理论。该理论解释了彼得·塞曼（Pieter Zeeman）所发现的磁场会将光谱线分成三部分的现象，该现象后来被称作“正常塞曼效应”。该理论是由塞曼的亨德里克·洛伦兹（Hendrik Lorentz）教授提出的，但其无法与核状原子相吻合。洛伦兹将产生光谱线的电子视为普朗克谐振器，自然而然地假定了M频率和A频率的一致性。玻尔手中没有量子替代方案。

第三章

魔术棒

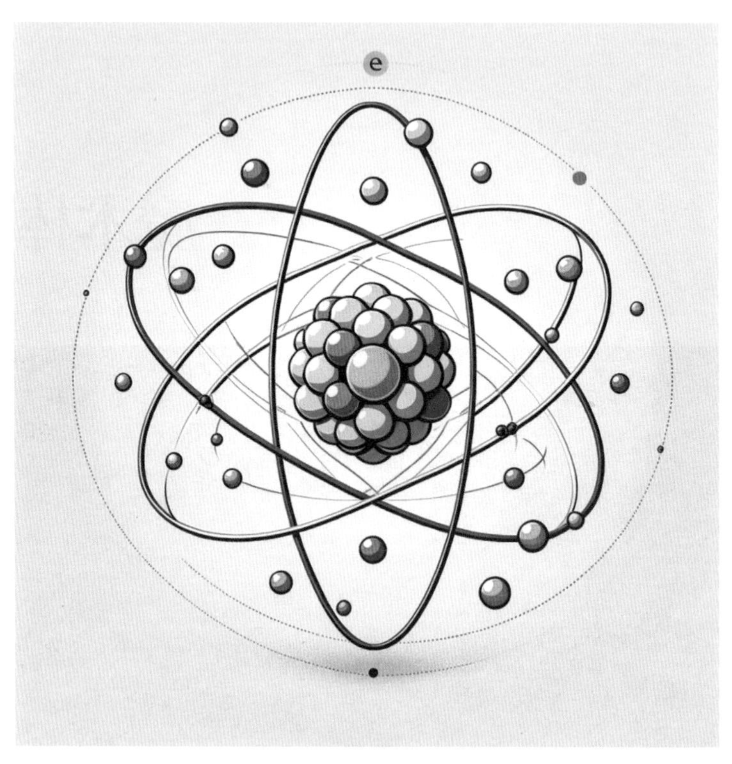

玻尔的原子结构模型

当玻尔在模糊性表述中挣扎的时候，一些独立于他的工作证实了原子的核式模型和他的方法的有效性。与此同时，受玻尔思想启发或指导的实验让人们确信，如果他继续前行，将会领导对微观世界的进攻。在第一次世界大战爆发之前的一年里，从事玻尔计划相关项目的为数不多的国际物理学家们提供给玻尔足够多的相关信息，让他忙得不可开交。他尽可能花费更多的时间来研究他的原子，同时履行着他与玛格丽特的新家庭义务，以及他的教学义务——主要是在理工学院给医科学生讲课。

战争的到来使得许多交战国的同事和竞争对手去服兵役，这也给了玻尔喘息的机会。1915年，当达尔文参战后，卢瑟福叫玻尔来代替他。在持续一年半的第二次曼彻斯特之旅期间，玻尔在哥本哈根的朋友们游说哥本哈根大学为他设立理论物理学教授职位。其中最有力的游说者是汉娜·阿德勒和瓦尔德马尔·亨里克斯（Valdemar Henriques），后者是克里斯蒂安·玻尔的学生，也是其生理学教授的继任者，更是整个玻尔家族最忠实的朋友。亨里克斯从犹太慈善家那里筹集资金，为玻尔将要领导的理论物理研究所购置土地，亨里克斯在20世纪20年代曾担任嘉士伯基金会董事会主席，为该研究所提供了设备补贴。

1916年，玻尔回到哥本哈根，继续努力阐明他所创造的混乱理论，并改善自己的工作条件以展现其丰硕成果。由于他的新教授职位只给他一间几乎不足以容纳他想法的房间，也没有实验室，他下定决心同时用两种不同的方式去改善物理世界。1921年，他的研究所在市中心北部一个公园的边缘开始运行。1925年，他率先提出了原子的量子物理学的一致表述。

突破性的进步

在战前完成的受“三部曲”启发的佐证研究，最主要的是成功解释了氢与氦的光谱线。1913年，埃文·埃文斯（Evan Evans）在卢瑟福的实验室进行了这项实验。另一项佐证性的研究是莫斯利对X射线光谱的研究，也取得了上文提到的诱人成果。第三项研究与玻尔的理论毫无渊源，却为玻尔的理论提供了有力的支持，但这只是在玻尔证明研究人员曲解了他们的结果之后才发现的。詹姆斯·弗兰克（James Franck）和古斯塔夫·赫兹（Gustav Hertz）当时是柏林大学的初级研究员，他们测量了从气体分子中除去一个电子的电离气体分子所需的最小能量。用来衡量电离的标准是电子束穿过气体时开始向气体分子传递能量时的速度。当他们在实验装置中检测到一股可能是电离分子的正向电流流向负极时，似乎证明了这一标准的正确性。由于电离能的相应数值远远低于玻尔从量子原子中估算出的数值，他们认为他们已经驳倒了这一标准。

这一胜利就像氢氦光谱的胜利一样引人注目。玻尔指出：弗兰克和赫兹并没有产生电离，而只是产生了激发；他们只是将一个外层电子提升到了最低的未占据定态，而不是将其从原子中击出。那么，他们发现的正电流从何而来呢？来自受激原子返回基态时发出的辐射！这种辐射属于紫外线辐射，在撞击阴极时会产生光电效应，即发射出一个电子，弗兰克和赫兹认为的朝向阴极的正向电流实际上是来自阴极的负向电流。这一重新解释确定了从自由电子变为束缚电子产生能量的阈值，为定态的存在提供了光谱学以外的证据。它使弗兰克和赫兹斩获了1925年的诺贝尔物理学奖。当时，他们的实验已经与玻尔的量子原子紧密结合在一起了，以至于弗兰克忘记了他一开始是怀疑这个实验的。

约翰内斯·斯塔克（Johannes Stark）探测到了一种晦涩难懂的现象，这同样也是一份意外的礼物。根据经典物理学原理，光谱线不会被斯塔克操控的这种强度的电场分裂。尽管如此，斯塔克还是证明了电场可以分裂巴尔末谱线。几位大胆的物理学家推断玻尔的原子可能允许旧物理学所禁止的行为，于是在玻尔的方程中加入了一点静电能量，并设法与斯塔克的数字取得大致的一致。但他们都没有去研究外加电场会如何扭曲巴尔末的圆形轨道。也许在他们看来，不值得花费精力去详细研究一个明确的经典问题，并用量子概念解决这个问题。相反，玻尔尽可能地解决了这个经典问题，使自己能够严谨地应用对应原理的雏形处理具体问题。然后，玻尔以合理的精确度计算出了巴尔末谱线斯塔克分裂的五条中频率最强的两条谱线的频率。

不过，可以进行对应处理的模型仍然很少。如何扩大它呢？有一段时间，玻尔倾向于在不改变量子态的情况下，把他能处理的情况转化为新的情况。一个诱人的例子是假设原子核逐渐膨胀，吞噬了轨道上的粒子，从而将核状原子转化为汤姆逊模型。在汤姆逊模型中，电子在一个仿佛正电星云的空间内做环形循环运动。后来成为玻尔忠实粉丝和朋友的莱顿大学（Leiden University）的保罗·埃伦费斯特（Paul Ehrenfes）教授归纳了一个经典定理，以确保氢电子的量子态在这一过程中的连续性。这个“绝热”定理宣称，在环境发生非常缓慢的变化时，$I=2T_{ave}/\omega$ 这个量保持不变。例如，对于单摆来说，当它的长度在比其周期更长的时间内缩短时，可以近似认为 I 保持不变。

因此，与周期运动相关的 I 成为量子化的绝佳候选者。对于普朗克谐振器，$2T_{ave}$ 等于总能量，定理表明 $I_n=\epsilon_n/\omega=nh$。对于核状氢原子，可以从谐振器以绝热方式达到 $(T_{ave})_n=nh\omega/2$，这正是玻尔在定态上的量子条件。这种方法是玻尔分析斯塔克效应的基础，其中巴尔末圆被缓慢地拉为一个离心率较大的椭圆，在不改变量子态的情况下改变了它的能量。

1916年初春，玻尔在英国通过对战争保持中立的丹麦收到了慕尼黑大学（Munich University）物理学教授阿诺德·索末菲（Arnold Sommerfeld）的几篇文章，当时他的一篇关于绝热变换和其他基本问题的论文即将出版。虽然索末菲好战，但他的年龄足以让他避免服兵役，他一直致力于玻尔思想的数学扩展研究。一看到索末菲的文章，玻尔就急忙赶到伦敦，从出版商那里撤回了他的论文。玻尔撤回论文至少有两个原因：其一，索末菲已经找到了将具有多个周期运动的系统量子化的正式方法，并以多种引人注目的方式证明了其方法的有效性；其二，玻尔不喜欢索末菲方法的形式化，因为它避免了在量子化之前对经典运动的仔细分析，但玻尔仍然不知道如何将其取而代之。

索末菲对玻尔方案的形式扩展始于用定态条件$2\pi p=nh=2T_{ave}/\omega$来处理像椭圆那样具有非恒定动能的周期运动。扩展的方法是将这一条件分为两个，一个用于方位角运动所描述的旋转，另一个用于从远地点到近地点的半径变化所描述的脉动。由于在椭圆中运动的电子的能量只取决于其主轴的长度，而不取决于离心率，索末菲引入的第二个条件只是还原了玻尔在圆中得到的结果：$T_n=Rh/n^2$。

在电子所受的吸引力无法与点电荷之间的吸引力相提并论的情况下，索末菲方法的优势就得以展现。在处于基态的氢原子中，因为电子的运动速度有光速的1/137那么快，所以其显示出相对论效应。相对论所声称的质量随速度的增加而增加的现象阻止了椭圆轨道的闭合，主轴以恒定的角速度围绕原子核旋转，其频率取决于离心率，如图3-1。索末菲的条件确定了椭圆轨道离心率的可能值，椭圆轨道的主轴由量子数n决定，即$(1-k^2/n^2)^{1/2}$，其中k=1，2，…，n量化了方位角运动。相对论使n个不同能量的椭圆位于同一主轴上。在用电离氦进行实验测试时，索末菲的理论被证明是非常正确的，因为电离氦的相对论效应比氢大很多。他的计算结果与观测到的谱线吻合得很好，但是在k变化超过一个单位的跃迁中却没有出现任何谱线。

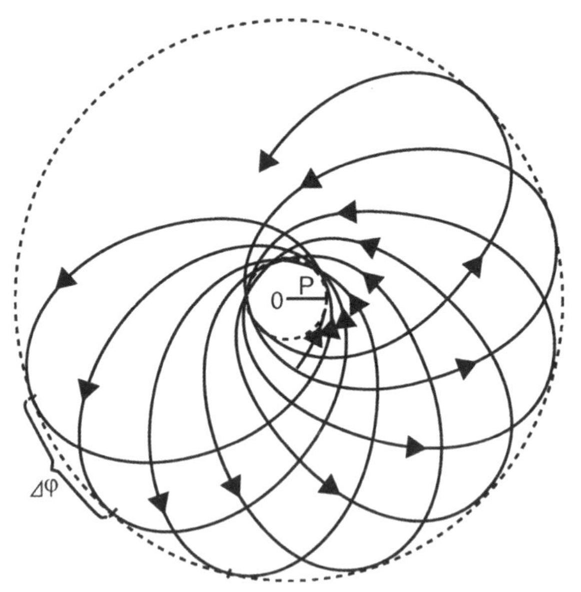

图3-1　进动的椭圆轨道

随着保罗·爱泼斯坦（Paul Epstein）征服了斯塔克效应，解决k限制的问题变得更加紧迫。爱泼斯坦是位俄国犹太人，被当作敌对外国人关在索末菲的研究所。爱泼斯坦发现，需要三个量子数来描述的斯塔克跃迁并不比他自己更自由。是什么限制了跃迁？索末菲研究所里的另一位战时被拘留的犹太人阿尔德贝特·鲁宾诺维奇（Aldebert Rubinowicz）找到了答案。根据鲁宾诺维奇的计算，经典理论不允许能量为$h\nu$的电磁波的角动量大于$h/2\pi$，因此k的变化不能超过1，但由于论证允许k保持不变（$\Delta k=0$），所以论证与实验并不完全相符。当玻尔消化了索末菲量子集中营的研究结果后，他扩大了对应原理的范围。一个额外收获是排除了k不变化的跃迁。

与此同时，战争也帮助玻尔建立了一所研究学校。这所研究学校为玻尔带来了一位荷兰高才生亨德里克·克莱默斯（Hendrik Kramers），他希望能在荷兰以外的非交战国继续深造。正常情况下，他几乎肯定会去英国或德国，但在第二次世界大战背景下，他来到了玻尔的小办公室，要求担任学生助理，成了玻尔的爱泼斯坦和鲁宾诺维奇的结合体，并取代玛格丽特成为玻尔的助手和传声筒。那时，玛格丽特还有其他事情要做，因为1917年玻尔夫妇六个儿子中的长子克里斯蒂安出生了。起初，克莱默斯靠着玻尔从嘉士伯基金会获得的一笔资助金，很快就完成了一篇非凡的论文。

寻找新语言

玻尔所说的“新语言”是指“依赖于明确的交流”。他的原子一点也不明确。他意识到，要想描述微观世界，物理学家需要一种新的语法，一种尚未出现的语法，这种语法将把量子量与它们在经典物理学中的类比结合起来。玻尔已经确定了一对类比，即频率$\nu_{n,n-1}$和ω_n。在爱因斯坦的干预下，克莱默斯向前迈出了关键的一步，并计算出了强度的对应关系，这使得第二组类比的确定成为可能。

为了与玻尔的方法保持一致，克莱默斯首先对周期性运动的带电粒子辐射的经典描述进行了彻底的分析。他测量的是强度，即每秒发射的能量，模型是普朗克谐振器的集合。谐振器的辐射强度与其振幅A的平方成正比。圆周运动呈现出类似的情况，因为旋转可以由两个谐振器以相同的频率与90度相位差的振荡合成，如图3-2。椭圆带来了新的东西。由于旋转的不规则性较大，一对谐振器是不够的。事实上，需要一个无穷多的谐振器的集合，其中大部分都具有极小的振幅。对于一个闭合的椭圆，它们中的每一个电子都必须以所涉及的基本频率的整数倍或泛音振动，振动频率分别为ω，2ω，3ω，…，以便电子在周期$1/\omega$内返回到同一位置。

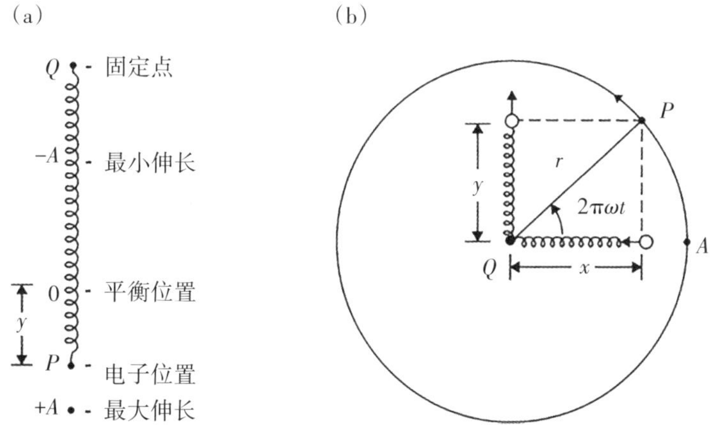

(a) 普朗克谐振器“弹簧”的延伸$y=A\sin 2\pi\omega t$，频率ω与定义弹簧强度的常数的平方根成比例；(b) 分解成谐振器振动的圆形轨道。如果运动开始于A，则沿x的位移为$r\cos 2\pi\omega t$，沿y的位移为$r\sin 2\pi\omega t$。

图3-2 轨道和谐振器

描述这种情况需要新的词汇和符号。$A_\tau(n)$是一个通用符号，它表示在一组基频为ω_n的椭圆运动的谐振器中，第τ次泛音的相对强度。使用这种语言，把ω_n和$\nu_{n+1,n}$之间的对应关系不可抗拒地推广到$\tau\omega_n$和$\nu_{n+1,n}$之间的对应关系。爱因斯坦在1916年发表的普朗克辐射定律的新推导中出现了$A_\tau(n)$的类似量。但其不是一个物理量，而是一个概率。当进入平衡状态时，普朗克烤箱壁中从状态n变为状态$n+\tau$的分子数必须等于反方向的分子数。爱因斯坦给出了从状态$n+\tau$到状态n的量子跃迁自发辐射的概率$a_{n+\tau,n}$，以及用于发射和吸收能量密度为$\rho(\nu_{n+\tau,n})$的辐射的概率$\rho(\nu_{n+\tau,n})b_{n+\tau,n}$

和$\rho(\nu_{n,n+\tau})b_{n,n+\tau}$。爱因斯坦接受了平衡状态下气体分子间能量分布的经典公式，将该公式作为度量稳态n和$n+\tau$相对数量的标准，并将状态的能量差设定为量子差$h\nu_{n+\tau,n}$。假设发射辐射量和吸收辐射量相等，得到的ρ表达式竟然就是普朗克辐射公式。这一推导需要一个新的物理概念——用$\rho(\nu_{n+\tau,n})b_{n+\tau,n}$表示的“受激辐射”。这是激光的理论原理。对普朗克公式的恢复使玻尔相信，爱因斯坦不寻常的处理方式包含了一定程度的真理。因此，正如玻尔说的，将爱因斯坦的概率系数$a_{n+\tau,n}$视为经典的$A_\tau(n)$的原子类似物是一种“自然的推广”。

这样一来，连接ν和a的未知语法就成了一个研究项目。如果找到了，该语法将绕过假设的电子轨道，并采用可观测的光谱线的频率和强度。玻尔在“三部曲”第一部分末尾说过，定义轨道的动量等机械量只具有象征性价值，这句话在这里可能适用。在经典物理学中，描述热量和电流流动的方程具有相同的形式，一种情况下的温度与另一种情况下的电动势类似。因此，这些方程可以被视为主要符号，而热学和电学理论则是它们的两个实例。玻尔认为，他的模型具有不可探测的电子轨道，是对量子世界进行恰当描述的符号的不完美实例化。

克莱默斯将他的分析扩展到索末菲发明的将相对论应用于氦电离的开放椭圆中。此时对运动的表示必须包含进动频率为ω_k的谐振器。经典分析表明，只需要频率为$\tau\omega_n\pm\omega_k$的谐振器，在k不变的情况下，跃迁振幅为零。因此在对应极限下，$\Delta k=0$的跃迁不会发生。玻尔认为，这一禁令贯穿整个原子，因此可以消除鲁宾维奇不得不承认的未观察到的跃迁的可能性。对索末菲来说，这是一个“咒语”，对应原理是一根“魔术棒”，但由于它的魔力似乎只在哥本哈根有效。他继续添加量子数来对光谱进行分类，而不考虑更精细的机械运动。

即使在可行的地方，走对应原理的道路也是艰辛的。1918年，玻尔在从事一项冗长而艰巨的工作的第二部分时，他打算重新阐述“三部曲”，以便为索末菲的方法奠定更深厚的基础。他在给英国同事欧文·理查德森（Owen Richardson）写信讲述自己狂躁抑郁的科研生活时写道：“我经历过过度快乐和绝望的时期，那时我精力充沛而又感江郎才尽，开始写论文却无法发表论文，因为我逐渐在改变我对量子理论这个可怕谜题的看法。”生理上和心理上都付出了代价后，持续的疲劳使他于1921年遵医嘱停止了工作。

玻尔写信给理查德森时，正在进行的工作是将绝热不变量视为适合量子化的量，并将对应原理扩展到——包含爱因斯坦概率系数——作为经典量与经典规则的量子推广的指南。不过，尽管玻尔的新表述利用了天文学家使用的轨道力学的公式，但该公式并没有带来超越氢原子的定量成功。玻尔和克莱默斯都无法计算出与实验一致的正常氦的发射光谱，所以他俩都未能征服氦气。这一扩展版互补原理发表在一本难以被读到的丹麦杂志上，而且读过的为数不多的人也未能理解。时至1919年，索末菲出版了他的《原子结构与光谱》第一版，该书成功地推广了索末菲的形式化技术，并将其应用于一系列广泛的问题。

索末菲将他的书描述为“原子球音乐”的演绎，如图3-3。

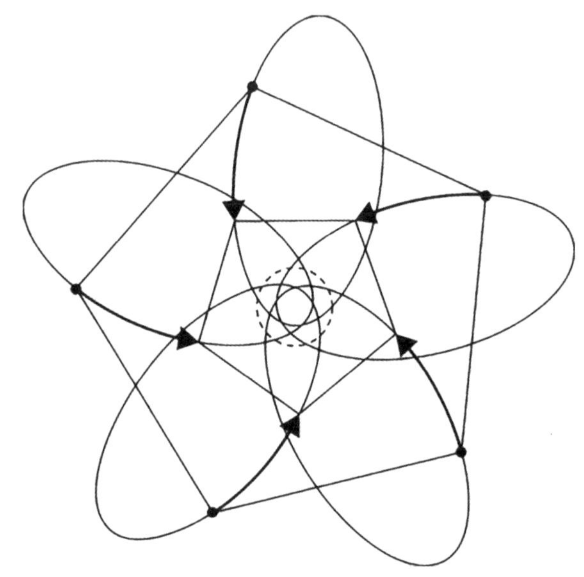

图3-3　原子球的音乐（索末菲的《椭圆》，其中一组电子同时穿过调谐的椭圆路径）

玻尔并不喜欢这首乐曲。对他来说，乐谱中形式化的数学太多，而基础性的探究太少。但他无法与索末菲竞争，无法将他的互补原理扩展到复杂的光谱，也无法像《原子结构与光谱》的后续版本那样，为这一领域提供清晰的教学指南。相反，他又回到了“原子结构（Atombau）”，回到了当初吸引他研究量子原子的问题——对元素周期特性的解释。现在，他有两个量子数可以使用：定义角动量的方位k和定义能量的n。他的新分析于1922年暂时完成，这为他带来了两个惊人的收获。一个是一种新元素，尽管它在门捷列夫的化学元素表中已经存在了几十年，但化学家们一直没有发现它。另一个是索末菲奖学金获得者维尔纳·海森堡（Werner Heisenberg）将要来到研究所。与玻尔和克莱默斯的合作为海森堡发明矩阵力学奠定了基础。

玻尔节与诺贝尔奖

就在玻尔为他的原子结构新原理苦苦挣扎的时候，他又承担起了规划研究所的任务，这让他的生活更加跌宕起伏。1918年11月1日，政府同意破土动工。在停战前十天，玻尔将用来促进国际主义和科学发展的大楼从设想一跃变成为现实。尽管由于通货膨胀、劳工问题以及玻尔对施工计划的多次修改，整个建造过程困难重重，但研究所大楼还是于1921年1月建成，并达到了入住标准，如图3-4。随后玻尔就住了进去，大楼三分之一的房间是他家人的居所，另外，还有一个技工公寓、一个访客套房、一个他自己和克莱默斯的书房、一个图书馆，以及一些用于实验的房间和工作室。建筑的造价是玻尔1917年估计的两倍，实验设备的价格则是1917年估计的三倍。嘉士伯基金会提供了最重要的仪器——一台从英国订购的分光镜。为了证明研究所建设费用的合理性，玻尔提交了一封信，指出战争摧毁了德国的大学，而战后的困境又使德国无法重建物理实验室，丹麦应该抓住机会，使研究所成为“一个为那些本国无法为科学研究提供黄金自由的外国人才提供工作的国际化场所”。这封信的作者不是玻尔，而是索末菲。索末菲于1919年9月访问了哥本哈根，当时玻尔正在为寻找设备购置资金而四处奔走。嘉士伯基金会和丹麦政府都理解这一点——他们于1919年10月成立了拉斯克-奥斯特基金会，以支持在丹麦从事研究的外国人。将语言学家拉斯穆斯·拉斯克（Rasmus Rask）和物理学家汉斯·克里斯蒂安·奥斯特（Hans Christian Ørsted）的名字结合在一个研究基金会中的命名与基金的设立目标一样具有新颖性。

图3-4　1921年的玻尔研究所

玻尔利用拉斯克-奥斯特基金为研究所带来了除克莱默斯之外的第一批外国研究人员：一名瑞典人、一名挪威人和一名匈牙利人（玻尔的老朋友赫维西）。拉斯克-奥斯特基金会总共资助了十三位外国物理学家在研究所工作，还资助了一些短期访问学者，其中可能包括第一位外国实验家詹姆斯·弗兰克。为了完善团队，确保工作正常进行，玻尔聘请了一位称职的秘书——贝蒂·舒尔茨（Betty Schult），她在玻尔的余生都陪伴着他。

1922年夏天，德国物理学家在哥廷根大学（Göttingen University）为玻尔举行了一次会议，以表达他们对玻尔的科学和政治成就的赞赏。哥廷根大学新任物理学教授马克斯·玻恩（Max Born）对从比玻尔更数学化的角度研究原子量子理论产生了兴趣。玻尔在那里的几次演讲充满了令人兴奋的新奇事物和神谕般的暗示，这让不习惯从哲学角度研究物理学的听众大吃一惊。玻尔以从帽子里掏出一只兔子的魔术结束了他在哥廷根大学的讲座。这一魔术基于为每个已知原子的每个电子分配量子数n和k的特定值。

玻尔声称，对应原理摒弃了索末菲优雅的椭圆体结构，要求在原子的基态中电子轨道在三维空间中交错，以达到与对k的量子限制相适应的最低总能量。和以前一样，他设想每个原子都是通过裸核连续捕获自由电子而形成的。显然，氢的单个电子必须在1_1的圆内，因为对于n=1来说，唯一的可能性就是k=1。氦需要两个相等的轨道，因为它的电子共享一个圆。化学和光谱证据表明，锂的第三个电子位于一个松散的2_1椭圆形中。由于没有其他选择，玻尔将接下来的三个电子也置于2_1的轨道上，而将接下来的四个电子置于2_2的圆形轨道上。这样，氖的结构就变成了$(1_1)^2(2_1)^4(2_2)^4$，其中的上标表示在n_k状态下的电子数，如图3-5。

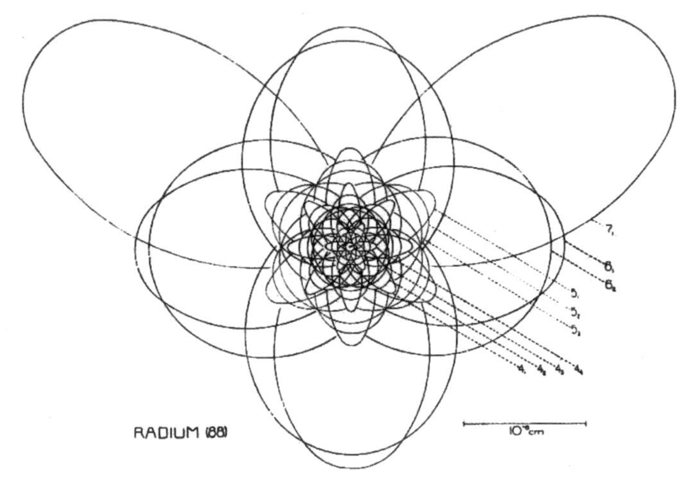

图3-5　玻尔在1922年绘制的镭的88个轨道（每个轨道都标有它的n_k名称）

第三个周期重复第二个周期，因此（氩）和（氖）的结构都是$(3_1)^4(3_2)^4$。第四个周期从两个4_1的轨道（钾和钙）开始，它们深入原子内部，所有这一切都是通过计算先前结合的电子对新到达的电子的机械反应和应用对应原理来保证的。随着第四周期第三种元素钪的出现，出现了一些新的东西，即一系列“过渡金属”。它们在化学性质上的差异远远小于第二或第三周期的相继元素。玻尔通过增加十个3轨道（共十八个）来解释它们。由于没有更好的办法，他把它们分成了三组，每组有六个成员，这就需要重新打开在氩元素处封闭的3_1和3_2组。在过渡金属之后，第四周期与第三周期平行。

这种数字命理学的成果出现在第六周期，为玻尔带来了丰厚的回报——发现了新元素。它的构造与第五周期类似，除了打开5组以容纳十八个电子外，还通过添加4_4环和其他4轨道来完善4组。类比结果表明，既然1组有两个电子，2组有两个子组，每个子组四个电子，3组有三个子组，每个子组六个电子，那么4子组应该满足每个子组八个电子。在三十二个这样的轨道中，有十八个电子存在于氙中，剩下十四个电子存在于构成稀土的非常相似的元素中。根据玻尔的计算，最后一个应该是第71号元素。门捷列夫在72号元素上留下了空白，大多数化学家认为这是一种稀土元素。莫斯利在1914年用他的X射线技术检查了一些候选元素，但没有一个元素发出蛛丝马迹。玻尔的结论是：稀土化学家们永远也找不到72号元素；它不是稀土，而是元素表中所显示的锆的同系物。

也许只有玻尔才能用这种灵感迸发般的快速解释来打动他困惑的听众，也许只有玻尔才能以这种方式得出他的真理之一。通过对莫斯利方法的改进，赫维西和研究所的一位荷兰光谱学家德克·科斯特（Dirk Coster）立即在他们检测的所有锆标本中发现了72号元素。这个缺失的元素一点也不稀有。尽管一些法国科学家声称，在稀土制备物中发现了72号谱线，并抱怨“丹麦人”又试图像在战争期间那样牟取暴利，但证据是无可辩驳的。因此，由一个匈牙利人和一个荷兰人组成的“丹麦人”有权为72号元素命名。

他们用哥本哈根的拉丁文为72号元素命名了铪。这使该研究所产生了一个艺术词汇——铪含量，其表示在解决量子之谜的越来越疯狂的尝试中所蕴含的“真理”的含量。

在哥廷根大学的玻尔节一年后，德国出版了《玻尔杂志》。这是一本关于玻尔理论的特刊，相当于英国的《自然》杂志。在德国的这些赞赏中，邻国瑞典承认了玻尔工作的重要性，授予其1922年的诺贝尔物理学奖，当时诺贝尔委员会还把1921年没有找到合适获奖者的奖项颁给了爱因斯坦。玻尔在他的诺贝尔奖演讲稿的印刷版中加入了一条最新消息，即赫维西和科斯特已经发现了他曾准确预测的元素，而且发现地点正是他告诉他们去寻找的地方。

玻尔在诺贝尔奖宴会上发表了简短的演讲，呼吁人们关注他和他的研究所在促进国际科学方面所发挥的作用。他说：“我自己的工作就是要将人们对自然知识的贡献汇集在一起，而这些贡献是由建立在迥然不同的科学传统之上的各国研究者所做出的。”他将汤姆逊和卢瑟福对原子结构的实验研究与普朗克和爱因斯坦的理论推测联系起来。将源于“不同人类条件”的研究联系起来的方法在该研究所备受推崇，并尝到了其带来的红利。

玻尔强调他“不应得的好运气”让他能够充当连接纽带。同时，他也感慨道：“在几乎世界其他地方都处于战争悲惨状态的情况下，我能把时间花在科学研究上，我感到这是多么不应得的幸运啊！”但他很清楚，他已经使婚前经常向玛格丽特提起的债务成倍增加，现在还有战争债务，还有研究所债务，他都必须偿还。因此，他非常遗憾地拒绝了伦敦皇家学会在剑桥大学为其提供的个人研究教授职位。这个职位非常诱人，他将有特权接触到继汤姆逊之后由卢瑟福建立的伟大研究学校的研究成果。但是，与坎特伯雷（Cantabridgian）真理相反，玻尔和卢瑟福将共同形成一股强大的力量来对抗代表着哈芬（Hafnian）真理的自然界，即在丹麦，玻尔可以动员全欧洲对同一目标发起进攻。玻尔试图同时实现这两个真理所能达到的目标。他能不能把时间分开——在剑桥大学任教，在哥本哈根指导。但深知许多真理的反面是清晰的皇家学会说："不行！"

参加玻尔节的有索末菲、海森堡和海森堡的好友沃夫冈·泡利（Wolfgang Pauli）（图3–6）。海森堡是个外表整洁、生活清净，具有民族主义的童子军，而泡利则是个夜猫子，喜欢看电影、泡夜店，还有其他不良嗜好。虽然海森堡和泡利极不相同，但他们一起成功地解决了困扰玻尔十年之久的两大难题。玻尔节结束后，泡利立即来到哥本哈根学习了一个学期，他将用一个任何人都无法想象的"不相容原理"来解决元素周期结构问题。海森堡不得不推迟他的朝圣之旅，直到在玻恩的指导下完成他的研究。1924年9月至1925年5月，海森堡在哥本哈根接受了洛克菲勒基金会（Rockefeller Foundation）的奖学金。在克莱默斯的帮助下，海森堡很快就精通了"对应原理魔术"。1926年5月，海森堡代替已返回荷兰的克莱默斯，成为玻尔的助手和同事。他们火热而富有成果的合作，产生了不确定性原理和互补原理。这种合作一直持续到1927年海森堡接到莱比锡大学（Leipzig University）的邀请。

图3-6　海森堡、泡利和玻尔在研究所的餐厅里

不相容性与能量

在哥本哈根，泡利即将经历他一生中最大的打击，因为他开始研究一个他无法解决的问题。这个问题的核心是解释光谱线在弱磁场中产生的复杂的塞曼效应。复杂的图案在强磁场下凝聚成塞曼发现的简单的三重条纹，这使得如何解释它们变得更加煎熬和诱人。作为解释的“拐杖”，泡利和玻尔不得不使用索末菲在1920年提出的量子数j来对复杂的光谱所暗示的能级进行分类。玻尔在分配电子轨道时没有使用j，因为他找不到一种明确的方法通过对应原理引入j。正如他在1924年12月写给科斯特的信中所说：“我们还没有发现任何可能将能级分类与电子轨道的量子理论分析合理地联系起来的东西，或者更直白地说，我们所面临的困难是缺乏一个明确的基础，即通过与电子轨道相关的量子理论符号对所考虑的层次进行分类。”

玻尔和泡利积极地寻求对其符号的明确解释，但却徒劳无功。而玻恩和海森堡则证明了任何合理的力学模型都无法给出正常氦的能级。玻尔并没有像他们那样——把该发现视为一场灾难。因为玻尔认为，它只是证明了自己早已知道的事实：要取得进一步的进步，就需要进一步的创新。玻尔期望创新来自泡利，但是，泡利失败了。泡利不得不满足于对反常塞曼效应谱线的分类，并通过将它们合并为正常的三重线来追踪它们。他认为这个结果“令人憎恶”（这个词正迅速成为原子物理学中的一个专业术语），因为他必须使用两个与轨道无关的量子数才能成功。他写道：“我感到非常沮丧，因为我没能找到一个令人满意的模型来解释这些简单得令人发指的规律。”海森堡为泡利的失败感到高兴，他说：“再没有人懂量子理论了。这一点我很赞同……玻恩把我们近期的任务描述为‘诋毁原子物理学’。”泡利转而研究严格意义上的经典问题，他说：“对我来说，暂时退出原子物理学是非常好的，因为我遇到了太难的问题。”海森堡对反常塞曼效应的新尝试令泡利反感，他认为这“纯粹是形式上的”，“缺乏物理思想”，“丑陋”，“侮辱”，“不合乎哲学”。

对海森堡非哲学方法的批评让泡利重新回到了原子物理学，并取得一个强有力的发现：对应原理并非唯一的出路。他把需要引入j的复杂性归因于价电子具有的“经典物理无法描述的二值性”，而不是轨道的隐蔽属性。卢瑟福的学生埃德蒙·斯托纳（Edmund Stoner）曾提出，特定量子态n_{kj}中的电子数可以通过复杂塞曼能级的数目来表示。根据斯托纳的提示，并运用他以前使用过的四个量子数（其中一个量子数现在提供了电子的重复性），泡利宣布了电子外壳封闭的原因，即元素具有周期特性的原因，是在同一个原子中不可能装入超过一个具有给定四组量子数的电子。由于理论允许给定的n有n个k值，而每个k有$2k+1$个j值，因此泡利为每个n提出了n^2种可能性；当电子重复性加倍时，就得出了$2n^2$作为n外壳的最大数量。这些数字正是我们想要的：2、8、18、32。此外，根据量子数持续性原理，泡利的方案使曾经封闭的子壳永久封闭。光谱学家很快就在光学和X射线区域证实了泡利发现的分布。

正如泡利在论文末尾写的那样，“不相容原理”有一个缺点，那就是无法获得对应原理认证。事实上，在他看来，该原理的特殊形式似乎与电子轨道等经典系统不相容。因为它没有，也不可能指定一种力来实现它所要求的排除性。因此，泡利反对几位物理学家提出的建议，即电子的二值性源于它通过中心绕轴旋转。泡利认为，定态的能量和动量值是比轨道更真实的东西。从（整数）量子数和量子理论定律中推导出定态的这些特性和物理上所有其他真实的、可观察到的特征一样，必须是我们仍需实现的目标。泡利自相矛盾地认为运动电子的特性比运动本身更真实，这很快就得到了证实。

当玻尔的助手们逐渐认识到他们的多周期轨道模型无法定量地解释氢以外的原子的能级时，他们接受了玻尔从一开始就宣扬的观点——轨道是虚假的福音。多周期轨道只是一种发现对应原理的手段，成对地代表量子的不连续性。到1920年时，玻尔几乎放弃了自己的前进计划。于是，他开始考虑孤注一掷，放弃大家都认为在定态和量子跃迁中成立的能量守恒。1924年新年前后，他以新的模型为基础，为放弃能量守恒条件开始做出妥协。

1923年末，玻尔在美国逗留了两个月，参观了物理实验室和洛克菲勒基金会。从后者他获批了四万美元用于扩大他的研究所。前者让他看到了美国物理学的潜在力量，其向他发出了几份工作邀请，其中一份的薪水是他在丹麦的四倍。玻尔拒绝了所有这些邀请，因为他说他欠丹麦的债。在学术方面，玻尔参加了关于阿瑟·康普顿（Arthur Compton）发现X射线从电子散射时频率会改变的激烈辩论，这让他很满意。玻尔反对康普顿用这种效应解释爱因斯坦的光量子与电子之间的碰撞。

他仍然坚持把辐射理解为一种电磁波，并把量子的奥秘归结为以太与物质的相互作用。另外，他也认为光量子这一概念是自相矛盾的，因为它的定义采用了频率的概念，而频率又是定义在测量它所要替代的波上。

其他从美国的收获还包括一些学生。在1940年前，这是研究所中人数最多的一批外国学生。1923年，其中一位名叫约翰·斯莱特（John Slate）的学生在等待玻尔结束美国之行归来。斯莱特带来了一套理论。这套理论赋予克莱默斯在计算电子轨道发射的泛音强度时所使用的谐振器辐射的一种准真实的性质——准实在性，因为在斯莱特的图像中，谐振器的辐射不携带任何能量。它的作用是诱导所包围的原子改变状态。实际上，斯莱特用两组普朗克谐振器取代了定态S所描述的轨道。这两组谐振器的频率与S可达到的状态相对应：一组数量有限，用于发射；另一组数量无限，用于吸收。来自这些虚拟谐振器的准实在或“虚拟”辐射在其母原子中产生自发辐射，并在远处原子中产生受激辐射和吸收。能量交换通过虚拟辐射引导的光粒子发生。

玻尔和克莱默斯喜欢斯莱特的想法，因为该想法使他们摆脱了令人讨厌的光粒子。玻尔和克莱默斯让虚拟辐射诱发自发辐射、受激辐射和受激吸收的概率，让能量在统计上守恒，这些概率可用爱因斯坦系数来测量。由于定态的变化不可能相互关联，因此能量和动量都不可能在单独的表现中保持不变。对玻尔来说，这一方案具有决定性的优势，即在像色散这样没有量子跃迁发生的情况下，它对辐射及其与物质的相互作用保留了连续的时空描述。然而，该方案有一个致命的缺陷：它与实验结果不符。对康普顿效应的详细研究表明，能量和动量在辐射与物质的单独交换中是守恒的。玻尔从哲学角度看待这个问题，除了给我们的革命性努力一个尽可能光荣的葬礼之外，别无其他。大自然说："玻尔应该服从自然，认真对待光量子或光子。"

尽管斯莱特被玻尔和克莱默斯说服，认为他们对他的想法的修改是种改进，但他觉得自己是被逼得默认了。玻尔在信中为没有遵循斯莱特的原始版本而道歉，但这并没有消除斯莱特的怨恨。这不仅是性格上的差异，它也指向了一种文化冲突——将把玻尔从微观物理学先锋的位置上拉下来。斯莱特去哥本哈根时，希望能学习玻尔论文中定性但不精确的论点背后的数学。"一个月后，我确信自己，"斯莱特在那个月过去几年后回忆道，"那背后什么都没有。"斯莱特把玻尔描述为一个懒惰的神秘主义者，试图通过猜测而不是计算来占据自然的据点。斯莱特认为自己是一个实事求是的人，对解决具体问题感兴趣，注重实效，不喜欢空谈。总之，斯莱特是一个“美国类型”的人，这与“魔法式的或快速解释式的人”形成了鲜明对比。后者像魔术师一样挥舞双手，就像从帽子中变出一只兔子一样，除了让人感到神秘莫测外，毫无意义。玻尔将自己的这种哲学探究风格传授给了泡利和海森堡，其探究风格也以一种改良的方式被爱因斯坦分享。但是随着美国人与欧洲人在理论物理学领域的竞争日趋激烈，玻尔的哲学探究风格也逐渐终结。在此之前，这种哲学探究风格使玻尔取得了显著的成就。

第四章

发展新理论

玻尔族徽（利用中国太极图表示玻尔提出的互补原理的哲学思想）

量子对话

玻尔为找到合适的词而付出的努力不亚于诗人为推敲一个词所花费的努力。由于他用三种语言写作或修改，他还面临一个新的问题，那就是在其他语言中找到他认为满意的对应词。随着玻尔-克拉默斯-斯莱特理论的提出，量子物理学的发展计划明确地变成了语言建设的练习。频率和强度的类比已经成功。对那些能够使用对应原理的人来说，对应原理为他们提供了一个发明新语言句法的指南。还有一个增加新语言词汇量的指南，那就是越来越被强调的标准——新语言的术语仅指可直接观测到的物理量。

除了玻尔本人，量子力学语法的主要贡献者是精通多种语言的克莱默斯。他拥有爱因斯坦所说的“玻尔式”流利的表达能力。在斯莱特到达哥本哈根之前，克莱默斯已经解决了一个类似于1912年吸引玻尔并引导他进入原子结构领域的问题。但是，由于经典物理学对原子的撕裂，玻尔不得不放弃研究原子的电子与通过的阿尔法粒子的相互作用问题，而克莱默斯则可以利用完善的玻尔模型来探索以太物质的核心问题，即电子结构对光的反应。他从对光谱线强度的分析入手，将电子运动经典地表述为谐振器集合的振动。

当被光波刺激时，这些谐振器会发出与主波频率相同的次级波。然而，玻尔原子中的电子，尤其是处于对应原理极限的电子，除了吸收和反射与入射波频率相同的辐射外，还有其他物理过程。它可能会被辐射激发，即发生激光效应，也可能自发地跳跃到更低的能级处。由于这些过程与吸收相反，因此必须从经典表达式中减去，以适应对应原理。这一减法使得克莱默斯的光色散和散射公式表达在对应原理极限中变成了与频率示例相同的一般形式：一个如$\tau\omega$般能够连续变化的量变得近似等于一个如$\nu(n+\tau,n)$般只能有限差分的量。在经典物理学中，连续性语言是微分学。在玻尔的关注下，克莱默斯与海森堡开始合作探索一种系统的方法，将微分演算转化为适用于原子领域的差分演算。

克莱默斯强调，新的微积分只适用于可观测量，用玻尔的话说，它是“在光谱和原子构成的量子理论的基本假设基础上可以直接进行物理解释的量”，不要指望它能“进一步回忆起多周期系统的数学理论。当大楼竣工时，可拆去全部的脚手架”，那么，物理学家该如何看待仍在发挥作用的可舍弃的电子轨道和虚拟谐振器呢？它只是作为一个术语，用于刻画光学现象与光谱理论之间联系的某些主要特征。它是说出真相的一种方式，但不是全部真相。

1925年夏天，海森堡的著名突破是完成了新建筑的前厅，并拆除了脚手架。他用形式上的类比$a(n+\tau,n)$和$\nu(n+\tau,n)$来表示$A_\tau(n)$和$\tau\omega_n$，以差分代替微分，并用从测量中可以立即推导出的量来重写索末菲关于角动量的量子条件。海森堡将h表述为吸收项和发射项之间的差值，再加上经典运动方程，就为用ν、n和τ求解a提供了足够的信息。海森堡应用这一技术处理不完美（非谐波）谐振器的情况，但却无法用其处理氢原子。玻恩和他的助手——帕斯夸尔·约尔当（Pascual Jordan）将海森堡的直觉转化为正式的矩阵数学语言，但他们也无法解决氢原子问题。1925年年底，泡利在氢原子上取得了成功。约尔当、玻恩和泡利都采用矩阵而不是经典量的运动方程来表示牛顿第二定律。这样的处理方式暗示着量子力学是一种粒子理论。

到1925年秋天，玻尔（图4-1）的发现计划似乎圆满完成了。他最得意的学生和弟子已经找到了对原子中电子产生的现象进行连贯描述的基础。所需的数学语言已经存在于矩阵中。作为数字的方阵，矩阵被证明是原子可用状态的自然表征。我们知道定义所有可能的状态需要两个主要的量子数n和τ，因此需要一个平面而不是一条直线来写下所有这些状态。这是一项最了不起的成就，它几乎是在玻尔的意愿下，由他智慧温室里培养的天才幼芽取得的。这一成就的取得也表明，十几年与这个“谜”搏斗所经历的风风雨雨都是值得的，为此，哥本哈根充满了欢乐。“由于海森堡的最后一项工作，我们一举实现了一个愿景，虽然在这里只是很模糊地把握住了这一愿景，但长期以来这一愿景一直是我们心中的向往。”这是玻尔在1926年1月27日写给卢瑟福信中的一句话。但是就在同一个月，一个消息传来：导致产生矩阵力学的痛苦计划可能并无必要。没有去过哥本哈根的物理学家们发现了另一种原子力学，它不仅容易使用，而且摆脱了对应原理的困扰。它会让一个适应力不如玻尔强的思想家感到沮丧。

图4-1　1925年左右的玻尔

挑战者

另一种替代源于路易斯·德布罗意（Louis de Broglie）。他从未想过离开法国，甚至大家几乎无法说服他去斯德哥尔摩（Stockholm）领取诺贝尔奖。德布罗意在撰写博士论文时用一种“幽灵般”的波——类似斯莱特的虚拟辐射——来调节原子电子的行为。他认为，处于定态的电子应该满足这样一个条件，即它们的轨道长度是一个波长为λ的幽灵波波长的整数n倍。几何学要求$n=2\pi a_a/\lambda$。为了与玻尔-索末菲条件$p_n=nh/2\lambda$一致，他不得不取$\lambda_n=h/p_n$。就像光量子与辐射的关系一样，这把物质粒子与波联系起来了。这个问题让德布罗意论文答辩的委员们感到困惑，他们求助于爱因斯坦。爱因斯坦又一次为量子物理学做出了重大贡献，并提醒苏黎世大学（University of Zürich）的物理学教授埃尔温·薛定谔（Erwin Schrödinger）注意德布罗意的波。薛定谔曾短暂地研究过玻尔轨道，并证明了碱金属原子的价电子必须在内层电子的核心中“度过大部分时间”。他是后期古典物理学大师路德维希·玻尔兹曼（Ludwig Boltzmann）创立的维也纳学派（The Vienna Circle）的忠实信徒。薛定谔为法国幽灵波赋予了维也纳体，使其满足了经典波方程。

像任何受限波一样，薛定谔的波有不同数量的波节或波斑，也可以是静止的，类似于拨动吉他弦的状态或者敲击鼓头的状态。由于薛定谔的Ψ波存在于三维空间中，它的静止解有三组节点，并由三组整数组成。薛定谔认为这些整数就是量子数！假设它们分别为n、k和j。每个三元组量子数定义了一个定态，Ψ方程可以计算出该定态的能量E_{nkj}。薛定谔完成他的理论所需要做的就是对Ψ进行解释。在他对氢原子的处理中就有一个解释：让$e\Psi^2(x,t)$表示时间t时点x处的电荷密度。这样电荷云就构成了一种定态，而从一种振动模式到另一种振动模式则是一个辐射过程。这也许是模糊的，但却是经典的——就像使用标准数学来计算能量一样。泡利花了几个月的时间才用海森堡的矩阵计算出氢的能级，而薛定谔仅用了几周甚至几天的时间就可用他的Ψ波计算出氢的能级。

海森堡没有玻尔的韧性，他把薛定谔的方法视为“反革命政变”，企图把他刚刚抓住的量子圣杯送回经典物理学的圣殿。尽管这种方法更容易使用，但它“令人反感”。计算毕竟只是技术，而Ψ波本身却是“垃圾”。薛定谔回应了这些“赞美”：量子物理学中的不连续性是“畸形的……几乎是不可想象的”，而矩阵力学则是“令人厌恶的”。爱因斯坦站在薛定谔这一边，这让他很满意。“你的工作理念源于真正的天才……我确信你对量子条件的表述取得了决定性的进步，正如我确信海森堡-玻恩方法具有误导性一样。”爱因斯坦对薛定谔这样赞扬道。1926年夏天，玻恩在“哥廷根方法”的基础上增加了一种对Ψ波的解释，这种解释是建立在卢瑟福原子的实验基础上的。它成为标准：Ψ^2_{rs}测量的是原本处于r状态的粒子在与目标原子相互作用后最终处于s状态的概率。这就把Ψ波从一种物质（如果电荷密度是物质的话）简化为一种计算概率的手段。薛定谔对此表示反对，他是时候去一趟哥本哈根了。

1926年10月4日，薛定谔在玻尔研究所阐述了自己对真相的看法。在海森堡后来对讨论结果浓墨重彩的描述中，玻尔一直在逼迫他的客人放弃对原子世界进行连续性时空描述的希望，这种纠缠一直持续到薛定谔病倒。然而，这并没有拯救他。因为玻尔追进了研究所的客房，如果不是玛格丽特出面干预，薛定谔可能已经被物理学杀死了。玻尔在一封当时的信件中的描述更为可信：“讨论逐渐集中在原子理论假设的物理现实性问题上。在不连续性的必要性上，大家各持己见。薛定谔坚持他的信念，认为可以避免突然转变的定态。但我认为我们成功地说服了他，为了实现这个希望，他必须准备付出代价。这与原子现象连续性理论的支持者迄今为止所设想的代价相比，将是巨大的。”在这些支持者中，玻尔想到了他自己和克莱默斯，而放弃能量守恒只是薛定谔将要付出的代价中的一部分。薛定谔完全拒绝玻尔的非凡的信念——任何通常意义上对微观世界的理解都是不可能的。因此，与玻尔的对话几乎立刻就会被带入哲学问题，很快你就不再知道自己是否真的站在玻尔所攻击的立场，或者你是否真的必须攻击他所捍卫的立场。

薛定谔在信中感谢玻尔的热情款待，虽然措辞有些外交辞令的味道，但却表明了玻尔追求真理的热情，也体现了一个被玻尔认为值得努力改变的人所感受到的鼓舞（尽管会受到刺激）。薛定谔满怀感谢地写道，伟大的尼尔斯·玻尔让自己有幸与他进行了数个小时的交谈，谈论了自己非常感兴趣的事情，他讲述了对许多现在的尝试所持的立场，这些尝试都围绕着玻尔为现代物理学打下更加坚实的基础。对一个物理学家来说，这是一次真正永恒的经历，他是一个最认真的物理学家。他们并没有在很多方面达成一致。薛定谔承认玻尔的反对意见很有道理，但他不能接受，在薛定谔看来玻尔也是这样，即使是为了暂时的“安身妥协”，玻尔也不能接受电子波和轨道等可视化的图片只是象征性的。

薛定谔也不能接受他的Ψ波给出了许多系统实验结果的概率，却没有给出任何关于单一系统行为的信息。薛定谔说：“难道就没有我们可以描述的单一系统吗？也许吧，但无论如何，我们都不能接受相互矛盾的描述。当然，我们可以弱化它们并声称整个原子的行为在某些情况下，就好像……而在某些其他情况下，就好像……但这只能说是逻辑上的争论，无法转化为清晰的思维……我想到的只是这样一个命题——即使一百次试验都失败了，我们也不能放弃达到目标的希望。我坚持认为，不是通过经典图像，而是通过逻辑概念才可以从矛盾中走出。”这一告诫击中了玻尔的核心自我形象。玻尔为自己有能力发现即使是爱因斯坦也可能忽略的“模糊性”而感到自豪。玻尔致力于摆脱新力学及其对矛盾的解释。

矩阵力学和波动力学都没有解决普朗克的$\varepsilon=h\nu$和二十年后德布罗意的$p=h/\lambda$提出的量子之谜。普朗克的公式应用于光电效应或康普顿效应时，可将粒子的能量与频率联系起来；而德布罗意的公式应用于电子束时，可将波的长度与粒子的动量联系起来。在玻恩的解释中，波引导着与之相关的粒子；在薛定谔的解释中，波构成了粒子；在海森堡的解释中，粒子才是现实，Ψ波充其量不过是粒子的“数学仆人”。那么，优先权到底应当归于波还是归于粒子？

调和这些看似必要却又相互矛盾的关系，正是玻尔与生俱来的工作。他喜欢波，因为波在空间中具有连续性，连续性是他从霍夫丁那里学到的哲学中理性的标志，而且他从大学时代起就坚信没有任何一个真理能够表达任何经验领域的全部内容。因此，根据谜题表达的完美对称性，即$p=h/\lambda$，$\lambda=h/p$，玻尔没有选择波或粒子，而是试图把两者都利用起来。

这里有一种把它们结合起来的方法。两个波长略有不同的波λ和$\lambda+\Delta\lambda$一起在以太中开始传播，它们的相位相差180度。因此，它们在$t=0$时相消。在很短的Δt之后，它们再次抵消。假设合并后的“波包”占据了Δx，如图4-2。那么在Δx中波长λ的数量一定比波长$\lambda-\Delta\lambda$的数量少一个，所以在n远大于1的情况下，$(n+1)(\lambda-\Delta\lambda)=n\lambda=\Delta x$，因此$\Delta x\Delta\lambda/\lambda^2=1$。由于$\Delta\lambda/\lambda^2=1/(\lambda-\Delta\lambda)-1/\lambda=\Delta(1/\lambda)$，而德布罗意形式的量子之谜给出了$1/\lambda=p/h$，因此$\Delta x\Delta p\approx h$。这就是说，程度为$\Delta x$的波包具有的动量无法指定为比$h/\Delta x$更接近的动

量，并且可以作为否决粒子性的代表。然而，由于波包有扩散的趋势，因此这种表示并不完美。类似的关系也连接着t和E。

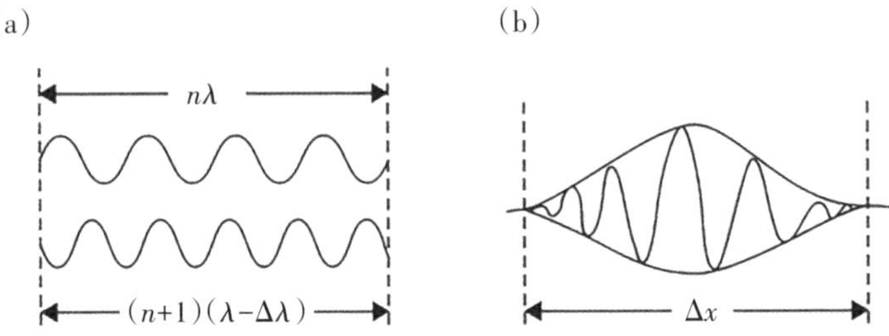

(a) 波长为λ和$\lambda-\Delta\lambda$的一段$\Delta\lambda$长的正弦波序列；(b) 这两列波组合成一个包。

图4-2 波包

1926年，海森堡以另一种方式推导出了这些关系。当年年初，在研究所对这个谜题进行了激烈的争论之后，玻尔独自去了挪威滑雪，如图4-3。海森堡发展了“不确定性关系”来限制对物理量（如p、q和E、t）的测量。更大胆的是，他趁玻尔不在时，将一篇关于不确定性关系的论文寄往研究所发表。海森堡可能怀疑自己的论述有不妥之处，但他知道，即使论述再完美，玻尔也会坚持用他那无情的分析来审视每一个字符，这在早些时候曾让海森堡落泪。海森堡的考虑是对的，玻尔发现了论证中的错误，并让海森堡在校对过程中纠正了这一严重错误。

图4-3　玻尔在挪威滑雪

互补性

玻尔批评了海森堡的表述，不是因为它的数学形式，而是因为它对现象的片面描述。海森堡认为实验对象和实验工具都是粒子（电子、光量子、原子），并把粒子的特性、位置、动量、能量和路径作为研究的量。玻尔却坚持波动性和粒子性应该被平等对待。值得注意的是，他批评了海森堡著名的“伽马射线显微镜”思想实验，认为光量子的反冲揭示电子的位置，这在原理上就是错误的。经典理论将显微镜的分辨率限制在与所使用光的波长成正比的分离范围内，如图4–4。要在波长为λ($=\Delta x$)的范围内找到一个粒子，需要波长不大于λ的光粒子的照射。但是，λ越小，分辨率越高，光子的动量就越大，光子与被观测粒子之间不可控（尽管有限）的动量交换就越不确定。海森堡把根据康普顿效应计算出的光子的反冲作为粒子动量的不确定性，即$\Delta p=h\nu/c$，从而得出$\Delta x\Delta p=\lambda h\nu/c=h$。

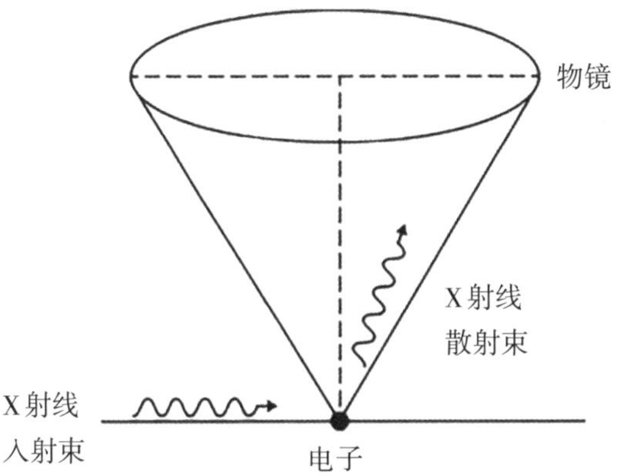

图4-4 海森堡的伽马射线显微镜（电子位于仪器轴Δx的距离内）

不！不！玻尔读到海森堡的论证时肯定会咆哮：如果Δp是h/λ，那么它就会像λ一样完全为人所知，也就不存在不确定性了。但这并不是最严重的谬误推理。海森堡并没有坚持使用显微镜的经典功能。在显微镜平台上，频率为λ的光对物体Δx的最小分辨率的精确条件是$\lambda/2\sin\alpha$，其中α是物镜从平台中间看的半角。由于伽马射线可以在α角内的任何地方散射到达物镜，这样$\Delta p/p=2\sin\alpha$。因此，正确的分析使得$\Delta x\Delta p=\lambda p=h$和以前一样。但现在在测量反冲动量时，存在不可避免的不确定性。玻尔自相矛盾的方法确保了这种不确定性，他在通过德布罗意法则施加量子之前，对测量仪器进行了全面而精确的经典处理。

1927年夏秋之交，玻尔在泡利和研究所其他人的帮助下，苦苦深耕于对量子理论的意义和教训的理解。在此期间，他就像故事中的拉比一样，从相对清晰到崇高晦涩，其理解速度在秋分时节加快。玻尔承诺要在科莫（Como）纪念伏尔泰（Volta）逝世一百周年的会议和布鲁塞尔（Brussels）的索尔维（Solvay）会议上向同事们介绍他发表研究成果的日期即将到来。这些会议所产生的政治影响几乎与玻尔的信息一样复杂。索尔维小型会议得到了一位比利时国际主义者在战前提供的一笔捐款的支持，是其战后系列会议中第一次邀请除和平主义者爱因斯坦之外的任何德国人参加的会议，而科莫大型会议则是墨索里尼政府（Mussolini Government）向国际科学界展示法西斯国家文化成就所做的第一次努力。布鲁塞尔会议的目的是开放性地展示各国在追求自然知识方面的相互依存，科莫会议的目的是让国际社会宣扬意大利在自治方面取得的进步。

然而两个会议有一个共同点：只有玻尔的追随者对他所谈论的东西有最基本的了解。这些讲座的最完整的阐释出现在1928年4月的《自然》杂志上。在阅读充满必然性（“正是这种情况的要求”）、义务（我们必须“放弃”因果时空描述的经典目标）和神秘性（“符号量子理论方法”、经典思想的“符号运用”）的漫长段落之时，坚持不懈的读者会发现其对思想实验的精辟阐释。除了语言之外，这种陈述的困难在于它有两个相互交织的话语：一个是物理学家试图用经典概念来描述微观世界的特殊行为，另一个是物理学家的困难与认知、科学本质和人类困境的深层问题之间的联系。认识到这种双重论述有助于读者理解玻尔对互补性的阐述。

下面是一个尝试。以h为符号的量子假设记录了一个基本事实，即原子世界的特点是“本质上的不连续性，或者说个体性”。因此，对原子系统进行的任何测量都会以一种无法控制的方式对其造成干扰。与经典情况不同的是，经典情况中的干扰可以忽略不计或可以计算，而量子情况则涉及“测量仪器”与“观测系统”之间的交换，其精确度无法超过一个量子。这表明，由于实验者在仪器和系统之间如何分配h是任意的，因此无法将“独立的现实”归于二者。这是观察者被观察改变的老问题。

测量之后，我们对系统知之甚少。自由粒子和空间辐射的概念是抽象概念，虽然它们是事物本身，也许在符号上有用，但原则上不能成为研究对象。玻尔将量子假说的最后一个推断夸大为认识论的高级原则，即我们必须“将时空协调和因果关系的主张（将这两者结合是经典理论的特点）视为描述的互补又互斥的特征，分别象征着观察和描述的理想化”。测量中的不确定性破坏了观察和完全时空协调的理想化，由此产生的不精确性阻碍了对事物本身的精确描述，进而阻碍了对其相互作用结果的精确预测。

这种情况的特殊性在量子运动学中表现得非常明显。普朗克的公式$\varepsilon=h\nu$应用于光量子时，就像爱因斯坦成功地应用光量子一样成为一个悖论，因为它的定义本身就需要一个从经典波理论中提取并只能通过经典波理论来测量的量。我们调和这些观点的唯一方法，就是从旧的波动理论中尽可能地提取一些东西，特别是波包的概念，从而得出$\Delta q\Delta p\approx h$（为了与后来的表述保持一致，$x$被写成了$q$）。德布罗意规则$p=h/\lambda$将把对波包的经典描述转换为对粒子的量子描述，对玻尔来说是“时空描述的互补性和因果性主张的简单符号表达”。这使玻尔开始进行实际的思想实验，说明他承认只要物理学家考虑到不确定性关系，他们便可以进行观测并用经典术语对其进行描述。玻尔后来坚持认为，他的同事们必须使用经典概念来明确地描述他们的经验。这一推断遇到了巨大的阻力。

矩阵力学是通过对经典理论的“符号应用”，从定态和量子跃迁概念中产生的对经典理论的合理概括。海森堡、玻恩和约尔当的微积分也是符号化的，尽管它是形式化的，但在很大程度上确实涉及空间和时间。波动力学也是如此，只不过是“经典力学运动问题的符号化转述……只有明确使用量子假设才能解释”。因此，薛定谔对Ψ进行现实解释的努力注定是要失败的。无论如何，波包的扩散是不可避免的，而且对于有一个以上电子的原子来说，不可能得到所需形式的Ψ。但毫无疑问，静止的Ψ波是定态的良好写照。玻尔用电子轨道表示定态是行之有效的，其中并不涉及时间，由于氢原子中低量子态的电子在跃迁之前沿着其轨道运动了数百万次，所以电子的时间和空间坐标并不重要；Δt和Δq可以根据理论学家的需要任意大，而E和p仍然能保证光谱学数据的高度精确性。玻尔认为定态与单个粒子的概念本身一样真实，两者都涉及“与时空描述相容的具有确定E和p的研究对象的因果关系要求”，并且代表了定义和观察的有限可能性。

为什么一个“基本粒子”电子有电荷，而光量子没有电荷？玻尔认为：“一个好的相对论量子理论可以解释它。

与此同时，我们必须为承受更大的冲击做好准备。相对论迫使我们放弃了经典的空间和时间概念。当与量子理论结合时，它将需要更多的牺牲。我们必须准备好迎接对普通意义上的可视化的放弃，这比量子定律的表述更进一步。解决这个问题的最大困难是我们缺乏表达其解决方案的词汇。我们可以使用的词语指的是我们对事物的普通认知。我们试图合理安排和使用这些认知，但我们已经遇到了‘量子假设的非理性特征的必然性’，并可以期待出现更多的这种情况。这种情况与人类固有的区分主体和客体的思想形成过程中遇到的普遍困难有着深刻的相似性。”从霍夫丁时代起，这个问题就一直困扰着玻尔。玻尔用这个暗示表达了他的希望，实际上是一种信念，即“互补性的思想”可以解释随着人类对宇宙的理解而不断出现的非理性现象。

玻尔的方案立即遇到了爱因斯坦思想的非理性阻碍。在1927年的索尔维会议期间，爱因斯坦每天早上都用他声称的比不确定性关系所允许的更精确的思想测量来挑战玻尔。埃伦费斯特当时在场，他说：“一开始，玻尔根本不被理解……然后一步步打败了所有人。说着无法总结或翻译的可怕的玻尔咒语。交流就像一盘棋。爱因斯坦一直在用新的例子……玻尔从哲学的烟雾中不断寻找工具来粉碎一个又一个爱因斯坦提出的例子。爱因斯坦就像一个千斤顶，他每天早上都重新跳出来……他对玻尔的态度就像绝对时空观的捍卫者对他的态度一样。”

玻尔的论证给埃伦费斯特留下最深刻印象的是他对光和物质的不偏不倚的处理。在通过经典论证$\Delta t\Delta \nu=\Delta x\Delta(1/\lambda)\approx 1$

获得光量子的$\Delta t\Delta E=\Delta q\Delta p\approx h$后，玻尔将守恒定律（如康普顿效应）应用到了物质粒子上。埃伦费斯特再次说道:“玻尔太棒了!”矩阵力学得出了与粒子相同的不确定性关系。“当之无愧的华丽和谐!!!!”知道了不确定性关系保留了守恒定律，物理学家就可以考虑电子与月球之间的碰撞，而不必担心破坏时间神圣的原则。不过，从原则上讲，即使是月球，“观测时刻之间的概念跟踪”这一概念与“发射和吸收之间光团在波场中的跟踪”一样，都是错误的。埃伦费斯特在报告的结尾，也就是玻尔在《自然》杂志上发言的结尾指出:“玻尔说，我们所掌握的词语和概念只能产生这样一种互补的描述模式……粒子理论中著名的内部矛盾之所以会出现，只是因为我们使用的语言还没有得到充分的修正。”埃伦费斯特认为玻尔会对这种语言描述感到绝望，这种想法可能是对的，因为玻尔并没有提议在量子世界中应用普通词汇时改变它们的含义，而是提出了要“明确”使用它们的规则。

游戏又进行了两轮。在1930年的索尔维会议上，爱因斯坦提出了一个看似无懈可击的思想实验。假设有一个盒子，除了一个快门之外完全封闭，精确的发条每隔一刻钟就会打开一个无限小的时间Δt的快门，如图4-5。用一根沉重的弹簧把盒子吊起来，这样就可以非常精确地称量它的重量了。在盒子里放一个光子——怎么放是你的问题。启动时钟。在其中一次瞬时打开的过程中，光子将逃逸。然后以你想要的任何精确度称量盒子的重量，比如说ΔW。从ΔW你可以得到ΔE（$E=mc^2$!），这样你就打败了玻尔所说的：Δt 和 ΔE 可以做得足够小，以至于它们的乘积小于 h。在一个不眠之夜后，玻尔指出，揭示质量和能量等价性的相对论要求时钟的速度取决于它在引力场中的位置。爱因斯坦不能依赖时钟的读数，因为当光子离开时，随着盒子的上升，时钟的速度会发生不可控制的变化。事实上，使用爱因斯坦的相对论方程，得到的不精确性足以确保不确定性关系成立。

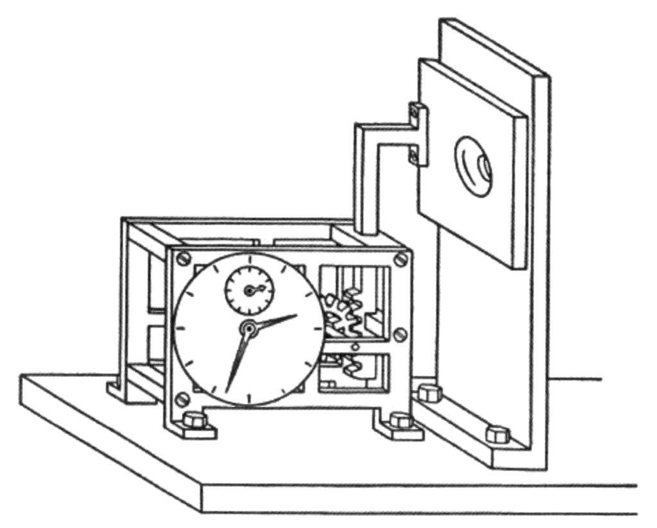

图4–5　为了克服不确定性原理爱因斯坦提出的“盒子里的光”实验

1935年，爱因斯坦逃离了纳粹德国，在普林斯顿大学（Princeton University）两位同事的帮助下再次尝试提出以爱因斯坦–波多尔斯基（Podolsky）–罗森（Rosen）命名的“EPR”论点，但它并不是要打败不确定性，而是要证明量子力学没有在其领域内解释“现实的本质特征”。爱因斯坦说：“量子力学允许以任何精确度同时测量相互作用系统A和B的位置差q_A-q_B和动量之和p_A+p_B，如果让A和B飞向地球的两端，等待A到来的专家可以选择精确测量其位置或动量。若测得的坐标为q_A，则从先前测量的q_A-q_B可以知道现在很远的B的确切位置；若测得的动量为p_A，则B的动量也可以通过先前测量的p_A+p_B的结果精确计算。而根据经典定域性原则，对A所做的任何事情都不会影响远程的B，所以量子力学是不完备的，因为它不允许未受干扰的系统精确定义p和q的值。”

玻尔回答说：“不完备性不在于量子力学，而在于EPR的例子。因为，为了在A和B混合并逃离欧洲核子研究中心之后确定费米实验室中的q_A，它们混合的情况不可能是EPR所宣传的那样。如果我们假设A和B都是电子，仪器是一个沉重的隔膜，两个狭缝靠得很近。那么，确实可以同时得到q_A-q_B（狭缝的间隔）和p_A+p_B（A和B通过狭缝时向膜片的动量传递），但我们无法推断出任何地方的q_B，因为欧洲核子研究中心中悬挂膜片的位置是不确定的。为了确定q_B，我们必须把隔膜拴在实验室的工作台上，但这样我们就无法测量p_A+p_B。”伟大的玻尔！虽然爱因斯坦仍然相信物理学家可以做得比量子力学所允许的更好，但他不再试图证明这一点。

与索尔维的交流不同，EPR的质疑和玻尔的辩护是在《物理评论》这一杂志上进行的，而《物理评论》在当时已迅速成为美国期刊中的主要国际物理学期刊。尽管大多数注意到这一交流的物理学家认为它是礼拜天的说教，在工作日用处不大，但它还是受到了一些关注。不过，在玻尔的教会中，看到量子物理的福音通过使用众所周知的膜片缝隙的比喻而得到拯救，人们不禁欢欣鼓舞。不过，最有启发意义的回应或许来自乌普萨拉（Uppsala）的物理学教授奥森（Carl Wilhel Oseen，他一直密切关注着玻尔的研究）和移民物理学家兼哲学家菲利普·弗兰克（Philipp Franck）。奥森在信中写道："我终于明白了你们一直在说的话，那就是在测量之前，原子的状态相对于被测量量的状态，是不确定的。"这只是一半。弗兰克理解玻尔的意思是，"物理现实"不应归因于我们与微观实体相关联的量。根据互补性解释的量子力学，其特征是测量程序和结果，而不是被测量的事物。玻尔承认这就是他的想法，但这还不是全部。

第五章

玻尔研究所

玻尔研究所

扫尾工作

1927年，玻尔研究所迎来了更多的长期访问学者（24人），发表的论文数量（47篇）超过了战时的任何一年。这相对较大的数字不仅代表了被海森堡称作“玻尔解决量子问题的方法”的“哥本哈根精神”所带来的兴奋，也代表着美国的资金支持。正如我们所知，洛克菲勒基金会对玻尔研究所的扩大提供了支持。嘉士伯基金会和拉斯克-奥斯特基金会继续向外国研究人员提供资助，丹麦政府提高了研究人员的工资并增加了研究所的维护资金。玻尔从政府那里获得了日常讲课的自由，从嘉士伯基金会获得了大幅加薪。1932年，他搬到了嘉士伯财富生产中心（嘉士伯的酿酒厂）的别墅，从而增加了研究所的有效工作空间。玻尔在别墅里生活、娱乐和工作，直到1962年去世，如图5-1。由于酿酒厂距离研究所有一定的距离，玻尔再也不能像以前那样在晚饭后轻易地留住助手，也不能像以前那样密切

图5-1　玻尔和他的妻子在嘉士伯别墅前

地监督他们的工作了。

正如玻尔在接受丹麦科学院的邀请入驻别墅时所说的那样，保持适当的距离也许是有好处的。自1927年以来，根据来访者人数和发表论文的数量来衡量，研究所对外国访问者的吸引力有所下降，在20世纪30年代初达到了历史最低点。玻尔认为，下降的原因之一是他对理论的专注——他陷入了对电磁测量的漫长探索中。在这项细致的工作中，他的合作者是比利时的多面手莱昂·罗森菲尔德（Léon Rosenfeld）。罗森菲尔德后来逃到英国，在曼彻斯特大学获得了教授职位。第二次世界大战后他又回到哥本哈根与玻尔合作，并在哥本哈根大学获得了教授职位。

研究所的活动在20世纪30年代早期减少还有另一个原因。玻尔的直觉使他对当时正在讨论的量子物理学中最有成果的观点视而不见。他拒绝接受或迟迟才接受狄拉克（Dirac）关于电子的相对论、中子和正电子的发现和泡利发明的中微子及恩里科·费米（Enrico Fermi）在此基础上建立的贝塔衰变理论。玻尔之所以抵制这些创新，除了反对不必要地重复本质（这里指粒子）的老规定之外，还有更深层次的原因。根据他从霍夫丁那里学到的经验，他一直在寻找一个极限，量子力学必须在其领域中遇到非理性，从而限制其应用范围。

虽然量子力学持续进步的时间很短，但它恢复了对旧量子理论成果的认可并开辟了新的领域，这使它在玻尔的头脑中比在不像他那样准备寻求非理性的头脑中有更长的心理运行时间。玻尔接受了将相对论强加于量子力学和将能量守恒强加于放射性时遇到的困难，并将其视为极限的预兆。他过早地宣布可能需要更多的放弃，这一次不是无限制地应用经典概念，而是放弃概念本身。他热衷于放弃的目标还是能量守恒。当他和克莱默斯把能量守恒强加给斯莱特时，并不需要做这种牺牲。毫无疑问，这是因为他们没有将其应用于适当的现象。然而，贝塔衰变清楚地表明了能量守恒的失败：衰变的原子核失去的能量是固定的，而逃逸的电子的动能是可变的。费米认为，贝塔电子并不存在于原子核中，而是与泡利的中微子一起在放射性衰变过程中产生的，就像光子是在原子转变过程中产生的一样，这就挽救了能量守恒。于是，玻尔再次失望地对中微子产生了怀疑。

放弃能量守恒或者经典物理学的其他一些宝贵成果，将把量子物理学界定为微观世界的理论，这些理论需要放弃不受限制地应用经典物理学的概念，但不需要重新表述概念本身。在量子理论不能满足需要的假设领域（其特征可能是需要考虑基本粒子存在的条件）和相对论扩充的经典物理学之间，存在着哥本哈根理论家所描绘的领域。玻尔在费米于1931年在罗马组织的一次核物理会议上暗示了他的想法，他说："正如我们在对物质一般物理和化学性质的原子解释中被迫放弃因果关系的观念一样，为了解释原子组成部分本身的稳定性，我们可能要进一步放弃更多。"这是向后人提出了解释物质世界惊人稳定性的终极挑战。

在量子力学发明后的十年里，玻尔试图引导相对论量子理论朝着他所预见的非理性方向发展，却放任研究所的实验项目陷入困境。他没有为研究所寻求新的资金资源。他继续以自己舒适的方式，对原理和极限进行了激烈而广泛的讨论，并试图让生物学家和心理学家对他从量子物理学中吸取的教训感兴趣。玻尔给一次放射治疗会议的与会者提供了一种方法，以确保他们的领域不会像化学一样成为物理学的附属品。玻尔保证说，从逻辑上讲，在微小的物理结构中寻找生命的秘密是不可能的，因为在原子水平上的侵入性研究将会杀死标本，并随之杀死被研究的"生命"。因此，物理化学分析与生命"恰好"所需的条件之间存在着互补性，足以表明仅用物理化学概念无法穷尽对生命的描述。对很多人来说，这听起来像生命论。但是玻尔只是想强调物理学的概念不能描述生物的明显的有目标的行为。他没有把生命的精神归于物质，正如他没有把力学量归于未被观察到的电子一样。

对心理学家来说，玻尔是在用新物理学的权威性强调其关于自由论和决定论的老教训。自由意志和完全决定的行动是适用于不同实验情况的互补术语。一般来说，分析一个概念和使用一个概念是互补的关系。正如量子物理学家不得不放弃经典描述一样，其他明智地接受物理学认识论教训的科学家和哲学家也必须认识到，他们学科中的许多持久问题之所以存在，只是因为他们的前辈不明白这些问题无法用提出的术语来解释，甚至无法被理解。放弃对真理的追求，转而在互补的意义上承认表面上相互矛盾的真理，可以在许多学术僻壤中解决大量的思辨问题。

一些热心的玻尔弟子拒绝停留在适度的认识论层面。泡利对生活与物理的崩溃使他来到了心理学家荣格（Jung）的咨询室。在治疗过程中，他将荣格心理学和量子物理学进行了深入的类比，这两种方法都只是抓住“看不见的和不可触摸的”东西。物质从无意识进入意识与原子物理学中的实验或测量完全相似。在这两个过程中，分析师都要面对非理性。约尔当也有心理问题，但更喜欢以弗洛伊德（Freud）的方式处理，他发现精神分裂症和不确定性原理之间有相似之处。当人格分裂的一方A压制另一方B时，就会出现与精确测量位置q完全压制对互补量p的了解相同的逻辑情况；就像在泡利的版本中，无意识地自发泄漏导致从A跳到B，等同于偏好p而非q的测量。约尔当比泡利走得更远，他把各种神秘事物的起因都归结于大脑中微观物理的不确定性，包括自由意志、心灵感应、通灵、拉马克主义(Lamarckism)、唯意志论。他说，互补性需要这些东西，人们必须习惯它们。

大多数物理学家对这些过分行为感到不寒而栗，爱因斯坦认为他们“应受谴责”。玻尔驳斥了约尔当的奢侈行为，并担心他的学说可能会助长神秘和非理性的世界观。约尔当加入了纳粹党，为这种担心辩解。尽管在反动政治和主观科学中利用了互补性，但玻尔仍然认为，如果灌输得当，互补性可以作为生活和信仰的可靠指南。根据罗森菲尔德的说法，玻尔期望互补性最终能被纳入普通教育，“比任何宗教都更好……互补性将为人们提供所需的指导。”玻尔说。

玻尔不可能预料到人类事务中的这一量子转变会很快发生，因为正如他向克莱默斯承认的那样，甚至大多数物理学家都拒绝承认他们的发现具有广泛的哲学意义。为什么呢？玻尔的解释是：“许多物理学家对该领域的进步做出了重大贡献，但他们似乎突然害怕自己工作的后果。”更有可能的是，他们同意达尔文的观点，认为玻尔是帝国主义和逆来顺受的奇特混合体，这在物理学中已经让他们难以接受，而在物理学之外则仅仅是哲学而已。

如此沉重的事情也可以变得轻松。研究所和玻尔都喜欢以他为开场白进行戏仿。最精彩的一出戏由乔治·加莫夫

(George Gamow) 和马克斯·德尔布吕克 (Max Delbrück) 担任主角，他们在移居美国之前都在哥本哈根担任过研究员。他们严肃的一面是提出了极其重要的“隧道效应”，即粒子可以用比经典物理学更少的能量撞破核屏障，而德尔布吕克在分子生物学方面的研究为他赢得了诺贝尔奖。他们嬉戏的一面是在图书馆里发明了以书为球拍的乒乓球 (伽莫夫)，以及以一句话写三页信作为玻尔文的标本 (德尔布吕克)。他们合作创作了歌德版的《哥本哈根浮士德》，其中泡利扮演魔鬼，玻尔扮演上帝，埃伦费斯特扮演浮士德，而无法探测的中微子则扮演腼腆的格雷琴 (Gretchen)，如图5-2。

图5-2 德尔布吕克和伽莫夫的《哥本哈根浮士德》扉页以及研究中的浮士德本人——埃伦费斯特

新方向

1933年，纳粹颁布的“清洗”公务员的法律将犹太人驱逐出了国家机关，导致失业的科学家们涌入欧洲。玻尔当时正好在美国，他游说洛克菲勒基金会放弃了奖学金获得者必须重返工作岗位的条件。基金会决定提供资金帮助流离失所的资深学者在新的环境中安顿下来。在这一政策下，玻尔把两位老朋友——弗兰克和赫维西带到了哥本哈根（如图5-3）。他俩都放弃了教授职位，但并非是被迫的。弗兰克本可以通过一项规定继续任职，但该规定排除了在第一次世界大战中为德国而战的犹太人。赫维西曾在奥地利的战争中服役。弗兰克辞职是为了声援马克思·玻恩以及哥廷根的许多其他犹太物理学家和数学家，赫维西辞职是为了声援他在弗莱堡（Freiburg）的犹太助手。他俩在哥本哈根的工作需要资金支持，如购置仪器、支付工资以及确定研究方向。为此，洛克菲勒基金会和嘉士伯基金会为他俩在哥本哈根的工作提供了所需的大部分资金。另外，洛克菲勒基金会及物理学的最新发现为他们指明了研究方向。

图5-3 弗兰克（中）、赫维西（右）与玻尔

这些新发现涉及将中子送入普通物质的原子核，从而产生新的放射性物质。1934年，当居里夫人（Mme Curie）的女儿伊琳（Irène）和她的丈夫弗雷德里克·乔里奥（Frédéric Joliot）发现这一效应时，物理学家通过用快速带电粒子轰击原子来转化原子已经有好几年了。这些入射粒子要么来自自然界，要么越来越多地来自1932年开始运行的设备——约翰·科克罗夫特（John Cockcroft）和欧内斯特·沃尔顿（Ernest Walton）在卢瑟福实验室研制的高压机器，以及欧内斯特·劳伦斯（Ernest Lawrence）和他在加州大学伯克利分校（University of California, Berkeley）的同事们发明的回旋加速器。大家都认为，由此引发的嬗变是瞬间发生的，就像玩弹珠游戏一样，射入的粒子会击倒核粒子。乔里奥和伊琳夫妇发现，在一些情况下，嬗变后的原子核可以保持激发一段时间，甚至几天或几周。费米和他在罗马的研究小组利用来自自然界的中子（镭-铍），以最快的速度尽可能全面地研究了元素周期表，并进行了许多新的实验，这为费米赢得了1938年的诺贝尔物理学奖。科克罗夫特与沃尔顿的机器和劳伦斯的回旋加速器提高了利用质子、氘核（1932年首次探测到）和阿尔法粒子轰击来“诱导放射性活动”的产量，他们也因此获得了诺贝尔物理学奖。

这些稍纵即逝的放射性活动中，有一些适合扩展赫维西在1913年首创的示踪法，该方法被用于标记反应物并跟踪它们的化学过程。1934年以后，人造放射性物质的供应量和种类越来越多，尤其是回旋加速器制造的放射性磷，使赫韦西的方法可以用于生命过程。洛克菲勒基金会把利用物理方法改进生物学工作的研究作为优先资助事项。玻尔成功地向其申请了实验生物学研究资金和为示踪工作提供放射性同位素所需大型设备（如图5-4）的购置资金，并希望将设备用于癌症治疗。弗兰克也可以利用这些设备来研究原子核。洛克菲勒基金会了解其中的联系，并予以批准。基金会支持了几家这样的加速器实验室，特别是劳伦斯实验室，该实验室确实产生了一些在治疗中有用的东西（用于治疗甲状腺问题的放射性碘）和一种精细的有机示踪剂（放射性碳）。但是，机器的生物应用和物理应用之间始终存在着高度紧张的关系，特别是当实验室里出现实验用的动物时，研究所也最终出现了这种状况。

赫维西在哥本哈根与该市的几家医学和生物学研究机构合作，建立并扩大了他的研究项目。该项目尤其在新陈代谢方面取得了成功，赫维西因此获得了1943年的诺贝尔化学奖。弗兰克没有继续留在哥廷根。虽然在哥廷根时，他拒绝接受任何原子理论，直到哥本哈根的论证结束，但他拥有了自己的研究所，可以按照自己的研究方向行事。在哥本哈根，由于担心玻尔压倒性的个性和独创性会压制他的思想和行动自由，与玻尔共事一年左右后，弗兰克前往美国任职，并在那里为原子弹的制造做出了重大贡献。

图5-4　1938年玻尔在研究所的高压设备中

在哥本哈根，接替弗兰克的是比弗兰克资历浅得多的奥地利人——罗伯特·奥托·弗里施（Robert Otto Frisch），玻尔一直对弗里施提供奖学金支持直到战争爆发。在弗里施主持期间，科克罗夫特·沃尔顿机器开始运行。1938年，回旋加速器由一个来自伯克利的人进行微调后也开始运行。在1937年的一次环球旅行中，玻尔在参观劳伦斯的实验室时，曾要求劳伦斯将一台回旋加速器送到哥本哈根。在第二次世界大战之前，西欧（不包括英国和苏联）唯一一个拥有完全运转的回旋加速器的中心是巴黎的约里奥实验室（Joliot Laboratory），它也是由洛克菲勒基金会出资并在伯克利的帮助下建成的。

玻尔观察原子核内部时，发现那里有一滴由质子和中子混合而成的液体在晃动。因此，他能够为弗里施和弗里施的姑妈丽丝·迈特纳（Lise Meitner）在1938年12月得出的结论提供解释。当时，身为犹太人的迈特纳刚刚勉强逃出柏林，在她奥地利国籍和马克斯·普朗克的保护下，她得以继续在凯撒-威廉学会（Kaiser-Wilhelm Society）化学研究所与奥托·哈恩（Otto Hahn）和弗里茨·斯特拉斯曼（Fritz Strassmann）合作，鉴定中子辐照铀的嬗变产物。由于缺乏回旋加速器，研究小组使用了台式仪器和氡铍源。根据人们的普遍预期，费米在他的诺贝尔奖演讲中也提到了这一点，研究小组认为，通过轰击铀他们生产出了“超铀”元素。但哈恩和斯特拉斯曼认为，这些假定的超铀元素与元素周期表中间的某些元素具有相同的化学性质。他俩将其告诉了迈特纳，迈特纳又将其告诉了弗里施，于是姑侄俩一起研究并发现构成铀核的液滴在吞下中子后可以分裂。他们把这一过程比作细胞裂变，这与洛克菲勒基金会强迫物理学家进行的实验生物学计划如出一辙。

玻尔发现当捕获的中子引起液滴的不稳定振荡时，易受影响的原子核就会发生裂变。他敦促弗里施和迈特纳立即发表他们的发现，并与罗森菲尔德一起启程前往美国进行计划已久的访问。罗森菲尔德透露了这一发现，因为他并不知道玻尔曾承诺在裂变发现者发表它之前不进行宣传。美国的几个实验室很快就证实了这一点。约里奥等人证明，易裂变的原子核每次裂变都会释放出一个以上的中子，从而使链式反应成为可能；而玻尔和其他理论家则意识到，只有构成原子量为235的稀有同位素的铀原子（^{235}U）才是易裂变的。迈特纳的观点是正确的，因为大部分被吸收的中子确实产生了超铀元素，将较高丰度的同位素^{238}U转化为短寿命元素，再衰变为长寿命元素。后来，在伯克利回旋加速器上分离出这种元素的人以天王星以外的行星名称将它们分别命名为镎和钚。^{239}Pu被证明是可以裂变的。

当物理学家开始考虑裂变同位素的链式反应时，世界再次陷入战争。战争双方的科学家都认识到原子武器的威胁和机遇。在研究这一问题的几个德国机构中，当时新成立的凯撒-威廉学会物理研究所占据着主导地位。讽刺的是，早在纳粹上台之前，洛克菲勒基金会就在普朗克的敦促下提出为该物理研究所的建筑维修和设备购置提供资金支持。就这样，一个为鼓励国际科学合作而设立的资助计划和一位因正直而受人尊敬的物理学家，共同为战争贩子提供了一个研制畸形武器的场所。该研究所“铀项目”的负责人是洛克菲勒奖学金的获得者之一，也是一位因其科学成就而举世闻名的物理学家——维尔纳·海森堡。虽然海森堡既不是战争贩子也不是纳粹分子，但他愿意尽其所能为国效力。

1940年4月，德国人突然侵入哥本哈根。他们向丹麦政府提供了一个选择，即要么与其合作，要么使他们的国家被毁灭，并谎称接管是为了保护日耳曼人免受英国的入侵。丹麦政府的部长们在由他们管理国家和丹麦保持中立的前提下同意了合作。这种安排虽然令人厌恶，但在1943年夏天之前一直运作良好。随着德国的要求越来越高，丹麦的部长们纷纷辞职。

为了鼓励摇摆不定的知识分子们和他们充分合作，德国占领者成立了一个文化研究所，就像他们在其他被占领国家所做的那样，赞助一些关于思想生活的讲座。1941年9月，海森堡来这里谈论天体物理学，他借此机会拜访了研究所的老朋友，与他们分享了自己对德国会赢得战争的信心。当时美国还没有参战，德国只需要完成对俄国的征服，并与英国算账即可。因此，海森堡敦促说，尽早结盟才是明智之举。玻尔同意了与海森堡私下会面，但他们的会面并不愉快。两年后，玻尔在一次戏剧性的救援行动中与丹麦大多数犹太人一起逃往瑞典，一些德国军官纵容了这次行动。英国皇家空军的一项特别任务是将玻尔送往英国。

拓广

玻尔是一个有远见的人，为了在物理学家和生物学家中发掘更多潜在的皈依者，他重印了自己的一些演讲稿。《原子理论与自然描述》（1934年）包括了1927年他发表在《自然》杂志上的科莫演讲最终版本，以及最初于1927—1929年撰写的其他三篇更通俗易懂的文章。《原子物理学与人类知识》（1958年）以玻尔与爱因斯坦的讨论为中心，包含其他六篇大多涉及互补性在生命科学中应用的文章。由于这几本薄薄的书浓缩了玻尔的思想，尽管难免有重复之处，但还是值得在此对其进行回顾。同时，通过重复来完善也是玻尔最喜欢的工作方式。

这其中玻尔最早的文章始于矩阵力学发明后在斯堪的纳维亚（Scandinavian）数学大会上的演讲。为迎合数学家们，玻尔强调了电子轨道的“符号化”特征，以及数字、原子和量子的深层含义，并对它们进行了具体说明。因此，原子物理学是接近毕达哥拉斯（Pythagorean）的将世界还原为纯粹数字的理想。符号化的轨道游戏并不容易运行，因为它要求将经典物理概念详细地应用于描述原子稳定性等现象，而这些概念并不完全适用于这些现象。物理学家们研究得越多，发现的现象就越多，比如反常塞曼效应和色散，这些都无法用轨道模型来准确表示，甚至能量守恒的一些学说似乎都不得不被放弃。最终，物理学家以“放弃空间和时间的力学模型”的较小牺牲获得了成功。

1929年的一篇论文是在马克斯·普朗克博士诞辰纪念上的一次演讲，该论文向同事们保证，放弃因果关系并非物理学所特有，而是“人类创造概念的一般条件”的结果。这些条件与“现象的客观性”这个老问题有关。原子物理学家发现，测量者与被测量者之间的相互作用具有不可控制的不确定性，这意味着不可能将现象与观察手段严格分开，体现了人类创造概念的能力受到普遍限制，而这种限制的根源在于我们对主体与客体的区分。克尔凯郭尔知道这一点！玻尔又说：“客体和主体之间不能截然分开，因为感知主体也属于我们的精神内容。”因此，如果意义取决于观察者，那么“对同一个对象的完整阐释可能需要不同的视角，而这些视角又无法进行唯一的描述”，这一点就不足为奇了。此外，“对任何概念的有意识的分析都与其直接应用存在着排斥关系。”霍夫丁知道这一点！

玻尔在结束对普朗克的祝福者们的演讲时，提出了两个令人遐想的类比。其中一个类比是：联想性思维的持续外流和人格统一性的保持与受叠加原理支配的物质粒子运动的波动描述和它们坚不可摧的个体性之间的关系有着令人深思的相似。也许这句话表明，尽管玻尔话语不多，但他的核心承诺是不可动摇的。第二个类比是：解开我们所熟悉的关于自由意志的死结，同时考虑到我们原则上无法通过大脑的因果链找到决定论，这种研究必须在原子层面上进行，这会带来量子不确定性和无法控制的心理物理反应。因此，我们必须准备接受这样一个事实，即试图观察（因果链）会给意志意识带来本质上的改变，摆弄大脑很可能会影响赋予我们意愿感的过程。

《原子理论与自然描述》的最后一篇文章源自1929年给斯堪的纳维亚自然科学家的一次演讲。相比以往的文章，这篇文章的基调发生了变化，牺牲旧观念的必要性以积极的姿态出现。对可视化的“放弃”和对量子跃迁详细描述的“放弃”记录了“我们认识上的重要进步”。经典概念仍然在其领域内发挥着作用，也可以在互补性允许的范围内应用于原子世界。正如我们应该为相对论迫使人们认识到我们对空间和时间的直觉的有限适用性而感到高兴一样，我们也应该为量子理论带来的“从可视化的要求中解放出来”而感到高兴。或许我们还应该感到高兴的是，正如古圣先贤所说：“在生存这出大戏中，我们既是观众，也是演员。”玻尔在结束对生物学家的演讲时提出了一个令他们感到惊讶的论断。他说：“由于量子不确定性，生者和死者之间的区别无法用一般意义来理解。”

《光与生命》是1932年玻尔在哥本哈根举行的光放射治疗国际大会上的讲话文章，也是他第二本论文集《原子物理学与人类知识》的开篇。这篇文章强调：“不能在原子水平上研究生物体内的光化学过程，例如，不能通过跟踪光子及其在眼睛和大脑中的运作来进行研究，因为这样做会破坏所研究的功能。如果局限于物理化学概念，我们将永远无法令人满意地从事生物学研究。在生物学中，生命的存在本身必须被视为一个基本事实，正如在原子物理学中，量子作用的存在必须被视为一个无法从经典物理学中推导出来的基本事实一样。”这一考虑为玻尔提供了他所需要的余地，使生理学与心理学相一致，特别是与不受约束的意志感相一致。玻尔以否认生机论和唯灵论的含义结束了他的演讲。

1937年，他受邀参加路易吉·伽伐尼（Luigi Galvani）两百周年诞辰的庆祝活动，这是他认为值得重印的第二个生物学尝试。玻尔在按惯例总结量子物理学及其经验教训之前，简要介绍了从伽利略到普朗克再到伽伐尼的经典物理学。随后，他通过心理学探讨生理学，在否定神秘主义的同时拯救了自由意志，并得出了物理概念在描述生命时的应用极限。他说，必须承认生命是“生物学的基本假设，不能进一步分析”，这一结论支持对“生物规律性”的解释，即“生物规律性代表着自然法则，是对那些适合于说明无生命物体特性的自然法则的补充”。因此，这就形成了一种新的互补性：对生物的描述与对机械事物的描述的互补性。

《原子物理学与人类知识》中的后四篇文章论述了互补性在人类学、应对爱因斯坦的质疑和人类知识中的应用。1938年，在哥本哈根举行的国际人类学和种族学大会上，玻尔提出了思想/感觉和理性/智力这对难以令人信服的互补对，并提出了“逐步消除偏见是所有科学的共同目标”这一不可能实现的命题，这被广泛解释为对纳粹意识形态的批判。我们对玻尔打败爱因斯坦的故事耳熟能详。1954年和1955年关于知识的论文总结了玻尔二十多年来完善和演练过的一般认识论立场，但并没有带来多少新意。

在丹麦医学会上发表的演讲题目——《物理科学与生命问题》，并不吸引人，事实上，它在实质上并没有超越“光与生命”。然而，从心理学的角度来看，它却代表着救赎。其中有特色的一段摘自玻尔父亲1910年关于肺部问题的一篇论文，他在论文中纠结于生理功能的合意性概念。玻尔父亲认为，尽管目标性假设是一种自然的、有用的，甚至不可或缺的启发式手段，但如果物理化学研究能够详细地证明目标是如何实现的，那么该目标性假设就必须让位。玻尔的认识论澄清了这个问题。互补性允许甚至可能要求：只要最终论证表达了不可分析的生命概念，那么它就可以在生理学家对其领域内的现象的描述中出现。因此，原子物理学为生物学中的目标论找到了一席之地，玻尔也偿还了他自认为欠父亲的一笔债务。

玻尔也是一位父亲，他有六个儿子，他欠下了一个儿子一笔可怕的债务。他的长子叫克里斯蒂安，是以他祖父的名字命名的。1934年，17岁的克里斯蒂安刚刚参加完学校的考试就在父亲率领的一次航海探险中溺水身亡。六周后，他的遗体被冲到瑞典。玻尔夫妇为儿子举行了追悼会，并宣布克里斯蒂安的姨奶奶汉娜以克里斯蒂安的名义每年捐赠一笔资金用于资助一位年轻的艺术家。因为克里斯蒂安虽然学业有成，却开始认同艺术而非科学事业，如图5-5。玻尔在追悼会与1934年12月颁发第一笔资助金时的讲话，既不拖沓也不复杂。他动情时口若悬河，经常背诵他熟记于心的诗歌，语调清晰，语速恰到好处。在向儿子告别时，玻尔一定想到了克尔凯郭尔，因为玻尔赞扬克里斯蒂安的首要原因是克里斯蒂安具有与这位浪漫主义哲学家同样的品质。“坚信只有通过诚实的努力，为自己澄清每一个大大小小的问题，无论这看起来与日常生活的要求多么遥远，这才是我们感受沧桑变迁背后更深层次的和谐的唯一途径。”

图5-5 玻尔和他的孙子们在嘉士伯别墅的沙龙里，在儿子克里斯蒂安的画像下玩耍

第六章

政界元老

1957年玻尔获得“原子促进和平”奖章

尼克叔叔

1943年，玻尔抵达英国后不久，代号为“合金管（Tube Alloys）”的英国铀项目的负责人非常自信地告诉他，美国人有可能在一年内完成原子武器的研制，但在如何引爆钚弹方面仍有些困难，他的意见可能会有帮助。美国核武器项目曼哈顿工程局（Manhattan Engineering District）的领导人莱斯利·格罗维斯（Leslie Groves）将军允许玻尔和他当时21岁的物理学家儿子阿格·玻尔（Aage Niels Bohr）接触到秘密资料，阿格将成为玻尔在构思自己的想法时一直需要的传声筒。玻尔以“尼古拉斯·贝克（Nicholas Baker）”的身份多次访问了洛斯阿拉莫斯国家实验室（Los Alamos National Laboratory），对该项目的总体前景提出了建议。喜欢同安全部门开玩笑的物理学家们称他“尼克叔叔”。但很快玻尔就把致力于确保原子弹的教训用于造福人类作为他的主要任务。

玻尔认为：有了原子武器，人类将面临一种局面，只有放弃以前认为不可辩驳的观点，人类才能摆脱这种局面继续进步。正如量子需要在一定程度上牺牲可视化一样，原子弹也需要在一定程度上放弃国家主权。如果美国和英国在开发利用原子能方面走在前面，公开其技术诀窍，以换取参与国同意在刚成立的联合国坚决实施的保障措施下接受国际控制，那么每个人的安全都将得到保障，世界各国人民将不再在军备竞赛中浪费财富，而是能够将他们的各种观点、他们对真理的各种说法融合在一起，从而获得普遍的好处。玻尔有时会加入一点他在1938年向人类学家提出的互补性：所有文化都是宝贵的，因为即使它们对知识的不同态度往往互不相容，但是它们共同穷尽了人类经验的总和。原子物理学家的经验尤其贴切，他们在哥本哈根牵头的国际合作努力中指出了融合各种观点的方法，正是这种努力导致了原子弹背后秘密的发现。因此，原子物理学家既有义务也具备专门知识带领人类走出他们把人类推入的严重危险。

1944年春天，玻尔与曾在哥本哈根担任研究员的罗伯特·奥本海默（Julius Robert Oppenheimer）以及其他能够分享曼哈顿工程秘密的人讨论了这些想法。随后，他努力请那些决定战后世界命运的政治家们注意这些想法。尽管没有任何政府的公文或正式任命，玻尔还是凭借其人格魅力和声望向罗斯福和温斯顿·丘吉尔（Winston Churchill）口头转达了他的想法。他通过英国驻美国大使哈利法克斯勋爵（Lord Halifax）和英国原子弹项目负责人约翰·安德森（John Anderso）爵士向首相传递建议，他们两人都认为玻尔的建议有可取之处。然而，丘吉尔却不这么认为，他甚至一度想把尼克叔叔作为安全隐患人物关起来。起初，玻尔在罗斯福那里运气较好，他通过战前认识的美国最高法院法官、总统密友费利克斯·弗兰克福特（Felix Frankfurter）接触到了罗斯福。罗斯福和弗兰克福特与玻尔一样，担心战后会出现原子武器军备竞赛，希望这一威胁的严重性能促使各方为安全而牺牲主权。然而，罗斯福和丘吉尔不知道如何说服公众或者他们自己放弃核能力上的优势，虽然这种优势只是暂时的。1944年9月在魁北克（Quebec）举行的会议上，他们正式拒绝了玻尔的建议。

当玻尔再回到丹麦时受到了英雄般的欢迎，全世界都能看到原子弹的恐怖，经允许他在《纽约时报》上重新发表了他曾秘密呼吁的观点，希望广大公众和联合国会比自由世界的领导人更积极地回应他们。联合国成立了原子能委员会，该委员会在成立后的两年内审议了美国代表伯纳德·巴鲁克（Bernard Baruch）提出的关于共享信息和控制权的建议。苏联自然希望展示自己的示范能力，而不是描述由国际权威机构控制的美国技术。因此，苏联代表拒绝了巴鲁克的建议。随后，玻尔将重点转向主张建立一个“开放世界”。在这个世界中，所有国家都将向观察员提供有关其战略计划和武器装备的所有信息，从而同时确保对现有威胁的控制和在知识倍增方面进行合作。他在1950年致联合国的一封公开信中提出了他的“开放世界”。然而当时的形势并不乐观：1949年，苏联爆炸了第一枚原子武器；1950年，朝鲜战争和氢弹威胁一触即发，间谍活动猖獗，两个超级大国都找不到信任对方的充分理由。

艾森豪威尔（Eisenhower）总统出人意料地提议共享一些技术知识和战略资料，以此作为“原子促进和平”的诚意，这使得玻尔有理由认为他的方法最终可能会取得成功。1955年，为利用美国这一新的开放性，丹麦成立了一个由玻尔担任主席的原子能委员会。1938年，曾为玻尔的回旋加速器提供磁铁的特里戈基金会（Thrige Foundation）决定支持玻尔研究所的一项向工程师们宣传原子能的倡议，由于许多国家都参与了这次冷战解冻，玻尔看到了科学家之间的国际合作，他希望这种合作能指引通往“开放世界”的道路。美国人亦认为他是这一前进方向的领路人。1954年，哥伦比亚大学（Columbia University）授予这位“丹麦杰出的儿子（和）人类的恩人”尼克叔叔荣誉博士学位。1957年，玻尔获得了更大的荣誉——艾森豪威尔总统颁发的“原子和平奖”，以表彰玻尔为造福人类所做的贡献及这项贡献对所有人的重要性，如图6-1。玻尔是第一个获此殊荣的人。此后，玻尔与国家元首的闲聊成了家常便饭，如图6-2。

图6-1 玻尔当时获得了第一个原子和平奖

图6-2　玻尔接待了伊丽莎白女王及以色列总理

在取得胜利的那一年，玻尔读到了英文版书名为《比一千个太阳还亮》的丹麦语译本。作者是瑞士记者罗伯特·荣克（Robert Jungk），他以浪漫主义的手法讲述了原子物理学家的故事，他描述道：他们创立了原子弹科学，并在地球上创造了一个“比一千个太阳还亮”的克里希纳（Krishna）的化身。奥本海默也喜欢引用《薄伽梵歌》中的这句话。荣克在书中回忆了1941年海森堡访问被占领的哥本哈根的情景。根据荣克的描述，海森堡告诉玻尔，尽管他的研究小组知道^{235}U和^{239}Pu是可以裂变的，但利用其中的任何一种制造原子武器都需要付出巨大的努力和代价，物理学家很容易失败，而德国政府却迫切渴望成功。因此，如果玻尔能够向德国物理学家保证，他们的美国和英国同行也会采取同样的策略，那么世界将会变得更加美好。荣克认为，1941年海森堡访问哥本哈根时已经推断出德国将输掉战争，而且，如果说有任何一方能在此之前获得原子武器，那也不会是德国。但是，荣克仍然认为，海森堡的表述非常谨慎，使玻尔误以为他说德国正在迅速制造原子弹。

通过采访获得的这一故事中，荣克书的丹麦版增加了一封海森堡的信，其中包含了重要的细节。与玻尔的谈话可能是从海森堡问物理学家是否有道德权利在战时研究原子问题开始的。信中写道：“就我所记得的”，玻尔在回答时问海森堡是否认为原子武器是可能的；海森堡回答说他知道是可能的，并重复了他的第一个问题。从这次交流中，玻尔得到了一个错误的印象，即德国在研制原子武器方面取得了巨大进步。也许是为了提高可信度，海森堡将这次谈话的时间和地点定在了“傍晚在新嘉士伯附近散步时”，也就是玻尔的别墅周围。

这些带有自以为是的崇高道德目的的言论使玻尔震惊。他回忆说，海森堡的确曾于1941年来到哥本哈根，试图说服丹麦学者和知识分子与帝国合作。但荣克的说法相反，玻尔记得海森堡和曾访问过研究所的同事卡尔·冯·魏茨泽克（Carl von Weizsäcker）对德国的胜利充满信心，并敦促他们的丹麦朋友将合作视为最好的选择。玻尔还回忆说，他与海森堡的会面是在研究所的办公室里进行的。这与海森堡的描述大相径庭。与海森堡的回忆相比，玻尔的回忆更有说服力，因为在玻尔的别墅内或周围私下会面，进行如此严肃的谈话，对他们两人来说都是有损尊严的。玻尔对这次会谈的描述出自一封写给海森堡的信的草稿，这封信未注明日期，可能是玻尔读完荣克的书后不久写的，他这样写道：“您的言辞含糊不清，只能让我坚定地认为，在您的领导下，德国正在竭尽全力地研制原子武器。”

很难知道海森堡想告诉玻尔什么，也许他自己也不知道。如果他相信德国会获胜，那么他让玻尔加入一个由物理学家组成的神圣团体，誓言要破坏一种武器的研发，而这种武器如果是由盟军首先研制成功就有可能拯救盟军，那无异于叛国。如果他预见到德国会战败（在1941年秋天这似乎不太可能），那么他提出不研发核武器的提议将再次构成叛国罪。如果像玻尔猜测的那样，他在试图窥探玻尔对美国和英国正在进行的努力的了解，他就背叛了玻尔对他的信任。玻尔说："我听了您的意见，但没有说话，因为这是关系到人类的一件大事，尽管我们私交甚笃，但在这件大事上，我们必须被视为进行殊死搏斗的双方的代表。"

海森堡的德国团队在整个战争期间都在徒劳地努力创造一种自我维持的链式反应——放射性堆。1942年12月，费米通过持续的国际合作，在芝加哥（Chicago）实现了这种反应。战争结束后，盟军围捕了这支失败的德国团队，并把他们关押进了英国的一所乡间别墅。他们精心布置的住处被窃听得一清二楚。他们对日本遭受原子弹轰炸表示了极大的懊恼和沮丧，因为他们以为自己比盟军更了解其中的过程。他们对战后将拥有适销对路的核物理专业知识的期望在广岛核爆的新闻中破灭了。

玻尔对海森堡试图让他加入这场闹剧深感不安，这场闹剧将德国铀项目描绘成一个正在进行的积极抵抗计划。这位"原子促进和平"的倡导者、开放世界的宣传者并不想参加这样的活动。为了避免被人怀疑，玻尔在未发出的信件中告诉海森堡，他认为应该把这封信的副本寄给丹麦外交部和德国大使达克维茨（Duckwitz）将军，后者曾提醒丹麦人注意纳粹在1943年逮捕犹太人的计划。在后来寄出和未寄出的信件中，以及他们后来在专业会议上的谈话中，玻尔敦促海森堡说出是哪个部门允许他向敌国人透露铀项目的。海森堡并没有答复，这就留下了一个问题：究竟是像海森堡所说的那样，他是根据其团队成员的建议自行决定行动的，还是他是被政府派去打探消息的？

生命历程

玻尔的同胞们相信玻尔能带领他们走上许多互补的道路。除了担任丹麦皇家科学与文学院、丹麦原子能委员会和丹麦癌症协会的现任主席或董事长以及研究所所长之外，玻尔还承担了几个慈善组织的临时职责。值得一提的是白令委员会（Bering Committee），该委员会旨在为不朽的丹麦探险家维图斯·白令（Vitus Bering）颁发奖章并竖立纪念碑。1941年12月，玻尔在白令逝世两百周年之际鼓励他的同胞们时说："纪念这位杰出的逝者是我们精神振奋的主要源泉，是让我们确信，正是在我们的传统中，我们才能在我们现在必须度过的艰难时期找到我们需要的力量。"

作为智慧的宝库及质量的保证者，玻尔常为书籍撰写序言，例如奥本海默的《科学与共识》的丹麦语译本（1953年，1960年），以及伯纳德·科恩（Bernard Cohen）的《新物理学的诞生》（1960年）。科恩的这本书涉及17世纪的物理学，是旨在灌输物理科学文化和技术的系列丛书中的一卷，与玻尔创造的新物理学毫无关系。玻尔是一个小型委员会的成员，该委员会将美国的这套系列丛书带到了丹麦。在玻尔的晚年，他对该委员会所描述的"在最广泛的范围内传播有关物理学的历史和现状的信息”越来越感兴趣。

玻尔在撰写有关伽伐尼、罗伯特·博斯科维奇（Robert Boscovich）、奥斯特、詹姆斯·克拉克·麦克斯韦和詹娜·里德堡（Janne Rydberg）等名人的纪念讲话和讣告的过程中，获得了一些物理学史信息，并通过对卢瑟福、爱因斯坦、泡利和海森堡的描述，更新了他对物理学史的认识。虽然大多数文章都是浮光掠影、只言片语，但有几篇则展示了相当多的背景信息，而关于奥斯特、卢瑟福和爱因斯坦的文章则为历史文献增添了新的内容。1951年，玻尔在奥斯特逝世一百周年之际发表的演讲几乎是自传式的。从中我们了解到：奥斯特和他的兄弟之间密切的思想联系；一项伟大的发现（在奥斯特的电磁学案例中）依赖于一种深刻的（尽管表达含糊）自然哲学；奥斯特看到自己的倡议在全欧洲得到贯彻时的巨大喜悦；国际合作在科学进步中的重要性；奥斯特努力改善丹麦的科学教育和科学工作条件；奥斯特创立的各种机构，如奥斯特的理工学院、科学与文学院、自然科学传播学会。总之，奥斯特是一位深邃的思想家和坚定的人文主义者的结合体。毫不奇怪，玻尔的认识论证明了奥斯特的认识论，正如玻尔所说：“我们恰恰可以在新的背景下深刻体会到奥斯特努力将他所谓的美与真统一起来的特点。”

玻尔了解奥斯特生平和作品的主要资料来自克尔斯廷·迈耶（Kirstine Meyer）。她是玻尔的姨妈——汉娜的好友，和汉娜一样也是一位受过物理学训练的教师。迈耶专攻物理学史，并在近50岁时以一篇关于温度概念历史的论文获得了哥本哈根大学的博士学位，这是物理学界第一位女性获得博士学位。随后，迈耶成为研究奥斯特的权威，她编辑了奥斯特的论文，并于1920年分三卷出版。在这一过程中，她发现了许多伟大实验的详细笔记。玻尔阅读了校样，注意到准备工作的繁杂与压缩展示的凝炼之间的反差，这与他自己的写作有着惊人的相似之处。玻尔研究奥斯特的第二个来源，是他为1941—1943年出版的八卷本著作《1940年以来的丹麦文化》撰写序言时所进行的仔细研究，该著作旨在回顾丹麦在德国占领时期的遗产。玻尔的丹麦文化概念就像他对丹麦文化典范奥斯特的分析一样，既有一定程度的自传性，也有一定程度的爱国主义包含在里面。对他来说，丹麦文化的主要特征是能够将外国元素移植到丹麦的根上，并欢迎来自各地的优秀文化贡献和贡献者。丹麦的科学伟人曾出国学习，回来后又在丹麦的土地上开展有价值的外来实践，如第谷·布拉赫（Tycho Brahe）、奥勒·勒梅尔（Ole Rømer）、奥斯特和玻尔本人。丹麦人不仅欢迎而且吸引外国学者，说到这里时，玻尔提到了拉斯克-奥斯特基金会，该基金会的奖学金帮助他的研究所在两次世界大战之间成为一个科学研究的国际中心。

一个如此小的国家是如何从英国和德国这样强大的邻国那里不断汲取营养而又不失自身特色的呢？直到近代，其偏远的地理位置和独特的语言使其与外界隔绝，但后来外来思想慢慢融入了其民族文化。19世纪，一个开明的国家解放了农民，制定了民主宪法（这部宪法取消了所有针对犹太人的民事限制，使玻尔的祖父从英国回到了丹麦），并建立了新的机构，对丹麦的少数人口进行现代科学和丹麦文化教育。因此，玻尔说："我们准备迎接一切有价值的事物，以保持我们整个历史所培养的对各国人民之间友谊的态度，这很可能是我们文化最大的特点，无论后果多么深远，在人类生活的各个领域，我们都有权希望只要我们能够保持自由，发展深深扎根于我们心中的观点，我们的人民将来一定能够光荣地为人类事业服务。"

尽管局势有消极的一面，但接受与德国占领者合作的丹麦社会民主党政府努力确保了一个自由、民主、开放的丹麦的生存。20世纪30年代，丹麦政府通过改革提高社会凝聚力，打击反犹太主义，迫使民众接受民主理想，并将其视为丹麦文化的组成部分。在1935年的大选中，丹麦纳粹党的得票率仅为1%。1943年的选举，尽管是在被占领期间举行的，纳粹党的得票率被控制在2%以下。

1958年，伦敦物理学会邀请玻尔在卢瑟福纪念活动上做演讲，这使他重新面对了历史重建的复杂性问题，与他之前在回应荣克关于海森堡访问的报道时所面临的情况相似。准备这次演讲使他更认真地回顾了"三部曲"的起源和其随后的发展，他所要准备的内容比他在量子力学出现的前十年间对原子物理进行的许多简介所需的内容要多得多。他坚持现在要包括错误及错误的开端，这种方法对于物理学家来说就像是让他们放弃能量守恒定律一样难以接受。因此，达尔文看过他最终于1961年出版的大幅扩展版本的演讲草稿后提出反对，认为玻尔不必要地使叙述变得混乱了，“一直把所有困难都展现出来”，而不是清晰而有逻辑地概述他关于氢原子的发现。玻尔经过深思熟虑后回复达尔文说，如果按照达尔文的建议做，就会对历史进行歪曲。他努力利用这个机会，以客观、超然的方式重振发展。他知道他还没有开始用氢甚至光谱学进行分析，这在教科书里都可以找到。玻尔坚持要从他开始的地方开始，并把一切都写下来。玻尔说：“这是一项相当艰巨的任务，我经常被手稿的长度吓到，我提出了许多不同的观点，这些观点为整个故事提供了合理的平衡。”

玻尔最后准备的历史性工作是1961年10月在纪念第一届索尔维物理学会议五十周年之际发表关于索尔维会议历史的演讲。他指出，这些会议的报告是研究科学史的学生们最宝贵的资料。事实上，这比他在那里对他的原子模型起源的描述更为可靠。这一次，他遵循了达尔文的建议，但在方式上仍然沿用卢瑟福纪念会演讲采用的复杂性。“元素的光谱……提供了一个起点”，没错，但这并不是玻尔的起点！玻尔不厌其烦地阅读了前两次索尔维会议的报告，或许还有其他会议的报告。他第一次了解到，1911年聚集在布鲁塞尔的辐射和量子专家们一次也没有提到过核状原子。在1913年10月举行的专门讨论原子结构的第二次会议上，卢瑟福的发明也没有得到太多关注，玻尔于当年6月发表的关于这一主题的第一篇论文则根本没有进入讨论。就像其他人一样，物理学家有时会失去他们需要找到方向的指南针。玻尔评论说：“卢瑟福发现原子核为原子结构的探索提供了独一无二的基础，但这种基础尚未得到普遍重视，这对理解当时物理学家的普遍态度很有启发。”

1961年，海森堡也参加了索尔维的庆祝活动。玻尔想让海森堡参与新问题的讨论，便对他说：“近年来，我越来越多地涉足历史问题……越来越多地沉浸在对我们都经历过的伟大冒险的思考中。你不帮忙吗?”玻尔坦言，由“华盛顿研究院”与美国国家科学基金会赞助的一个美国小组提议对他进行详细采访，许多询问者都要求提供有关战争期间“准备和讨论”轴项目的档案材料。他越是试图层层剥开，就越是感受到一个比量子理论中的测量更具挑战性的问题。玻尔描述道：“这不再是一个观察者和被观察者的问题，困难在于准确地描述许多不同的人都参与了其中的发展。”

1962年夏天，托马斯·库恩（Thomas Kuhn）率领的美国小组离开伯克利，在嘉士伯别墅附属建筑的改建马厩中逗留了一年。虽然玻尔在访谈开始几周后就去世了，但他大量的专业信函档案和重印本收藏为研究小组准备与包括海森堡在内的其他人进行口述历史并说服他们借出自己的档案拍摄缩微胶卷提供了资料。位于哥本哈根的尼尔斯·玻尔档案馆拥有大量关于玻尔领导的伟大探险的文献资料。为了延续玻尔的计划和丹麦的传统，一个国际学者小组继续研究这次探险以及由此产生的发展，如图6–3。

前排主要人员有：泡利、约尔当、海森堡、玻恩、迈特纳、奥托·斯特恩、弗兰克和赫维西。其他人员包括：冯·魏茨泽克（第2行左起第4位）、弗里希（第2行右起第2位）、德尔布吕克（第5行左起第3位）和克莱默斯（第5行左起第6位），玻尔和罗森菲尔德站在左边。相同规模的物理学史会议当时在同一地点举行。

图6-3　该研究所在1936年举办的一次著名的国际会议

玻尔获得的奖项和荣誉、奖章和奖品之多，甚至吸引了漫画家的注意，如图6–4。在他所获得的荣誉中，最引人注目的可能是宝象勋章，因为这是丹麦的最高荣誉，只授予皇室和类似的尊贵人物。为此，玻尔需要一件徽章。他创造了一个可以作为族徽的徽章。徽章的中央盾牌上印有中国的阴阳符号，即对立面的组合，盾牌下的卷轴用拉丁文写着“互斥又互补”——用古老的语言恰如其分地概括了他的思想。

1947年瑞典成立原子能研究机构 ***AB Atomenergi***

在美国期间，尼尔斯·玻尔教授被十几所大学授予荣誉博士学位。

现在，我们的特邀嘉宾将发表他关于链式反应的著名演讲……

图6–4　玻尔满怀荣誉地做了“链式反应”讲座